KB264093

슈퍼스도쿠

프리미어

Fiendish Su Doku Book 2

슈퍼 스도쿠 프리미어

IQ 148을 위한 논리게임

SUPER SUDOKU PREMIER

마인드 게임 지음

보누스

스도쿠에 도전한다

이 책은 영국 마인드 게임에 실렸던 스도쿠 중 마니아들 사이에 높은 완성도로 호평받은 퍼즐들을 모았다. 퍼즐은 난이도에 따라 쉬운 것부터 어려운 순서대로 배치해 마지막에는 가장 어려운 20개의 스도쿠를 풀어보도록 구성했다. 문제를 풀기 전에, 스도쿠를 푸는 방법 몇 가지를 알아보자.

스도쿠 용어와 읽기 요령

셀(cell) : 표 안에 있는 81개의 작은 칸

박스(box) : 셀이 가로, 세로 각각 3칸씩 합쳐진 9개의 커다란 칸

컬럼(column) : 세로로 연결된 9개의 셀

로우(row) : 가로로 연결된 9개의 셀

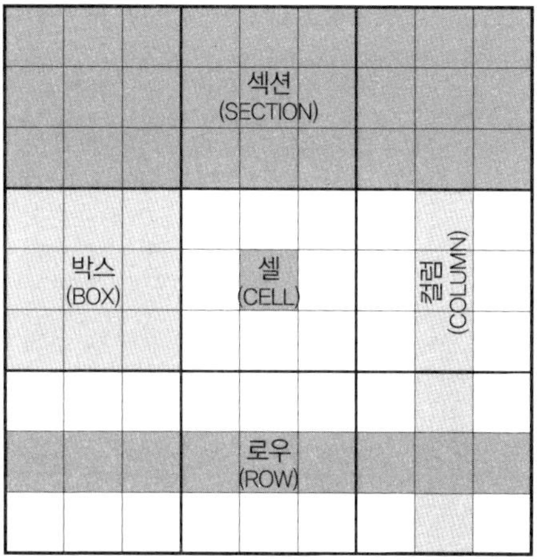

섹션
(SECTION)

박스
(BOX)

셀
(CELL)

컬럼
(COLUMN)

로우
(ROW)

표를 읽을 때는 항상 왼쪽에서 오른쪽, 위에서 아래로 읽는다. 따라서 맨 위 왼쪽 커다란 상자가 박스1, 맨 아래 오른쪽 커다란 상자가 박스9가 된다. 마찬가지로 맨 위 가로로 연결된 9개의 셀이 로우1이고, 맨 아래 가로로 연결된 9개의 셀이 로우9가 된다. 같은 방식으로 맨 왼쪽 세로로 연결된 9개의 셀이 컬럼1이고, 맨 오른쪽 세로로 연결된 9개의 셀이 컬럼9가 된다.

셀, 박스, 컬럼, 로우 등을 우리 식으로 칸, 상자, 열, 줄 등으로 부를 수도 있으나 세계적인 게임이므로 원어를 그대로 사용하기로 한다. 한편, '셀'과 '박스'의 의미는 책마다 다를 수 있음을 밝혀둔다.

스도쿠 푸는 요령

스도쿠를 풀기 위해서는 '가로, 세로, 3×3 박스 안의 9개의 칸에 1부터 9까지의 숫자를 채워 넣는다'는 기본 규칙만 지키면 된다. 다음 〈예1〉은 스도쿠를 이 규칙에 따라 일부 풀어낸 모습이다. 아직 풀지 못한 셀의 왼쪽 위에는 작은 글씨로 후보숫자 candidate를 적었다. 후보숫자란 각 셀 안에 들어갈 수 있는 숫자를 말한다.

3	25	258	6	12578	9	4	178	57
248	6	2458	23578	124578	348	378	13789	3579
9	7	1	358	458	348	6	38	2
5	3	9	1	478	6	78	2	47
247	8	24	9	3	5	1	6	47
47	1	6	78	478	2	5	3789	3479
6	25	7	2358	258	38	9	4	1
28	4	258	2358	9	1	37	37	6
1	9	3	4	6	7	2	5	8

예1

컬럼과 박스가 교차하는 영역 살펴보기

〈예1-1〉에서 색칠한 가운데 박스들을 보자. 이 중 컬럼5의 셀들에는 후보숫자 4가 4개 적혀 있다. 그런데 박스5에 들어갈 후보숫자 4는 컬럼5와 겹치는 영역에만 있다. 이 중 하나가 남아야 하므로 컬럼5의 셀들 중 박스5와 겹치지 않는 영역의 후보숫자 4는 제거한다.

3			6	12578	9	4		
	6		23578	124578	348			
9	7	1	358	458	348	6		2
5	3	9	1	478	6		2	
	8		9	3	5	1	6	
	1	6	78	478	2	5		
6		7	2358	258	38	9	4	1
	4		2358	9	1			6
1	9	3	4	6	7	2	5	8

예1-1

컬럼 대신 로우와 박스가 교차하는 영역을 살펴보는 방법도 있다. 이 방법으로 당신은 로우3에 들어갈 4의 위치를 알 수 있다. 그런데 이 방법으로는 다른 셀을 더 풀어낼 수 없다.

2개짜리 짝 찾기

〈예1-2〉의 컬럼9에 필기체로 써넣은 후보숫자들을 보라. 컬럼9에서 셀4와 셀5에는 각각 4 또는 7만 들어갈 수 있고, 다른 숫자는 들어갈 수 없다. 이렇게 한 쌍의 셀에 들어갈 답이 좁혀졌으므로 이 컬럼의 다른 셀에 적힌 후보숫자 중에 4와 7은 제거한다. 그러면 컬럼9의 첫 번째 셀에는 5만 넣을 수 있다. 스도쿠의 나머지 부분도 이 방법을 이용해 채워나갈 수 있다.

3			6		9	4		57
	6							3579
9	7	1			4	6		2
5	3	9	1		6		2	47
	8		9	3	5	1	6	47
	1	6			2	5		3479
6		7				9	4	1
	4			9	1			6
1	9	3	4	6	7	2	5	8

예1-2

아래 〈예2〉는 새로운 문제다. 이 문제는 앞에서 설명한 방법으로 가운데 박스의 셀들에 들어갈 숫자를 모두 써넣은 상태다. 스도쿠를 푸는 기본적인 방법을 배웠으니 이제 〈예2〉와 같은 어려운 스도쿠를 푸는 방법도 배워보자.

8	23	7	6	9	5	4	23	1
4	6	25	7	1	3	259	259	8
9	13	135	2	8	4	357	357	6
17	5	19	4	2	8	6	179	3
3	148	18	9	7	6	15	145	2
2	479	6	5	3	1	79	8	47
5	123	123	8	4	7	123	6	9
6	3789	389	1	5	2	37	347	47
17	127	4	3	6	9	8	127	5

예2

숨겨진 2개짜리 짝 찾기

로우8에는 후보숫자 8과 9가 2개의 셀에 함께 있다. 즉, 8과 9는 2개의 셀에만 일정한 순서대로 들어갈 수 있다. 그러므로 이 2개의 셀에 다른 숫자는 들어갈 수 없다. 따라서 〈예2-1〉에서 보듯이 이 2개의 셀에서 다른 후보숫자를 지울 수 있다.

8		7	6	9	5	4		1
4	6		7	1	3			8
9			2	8	4			6
	5		4	2	8	6		3
3			9	7	6			2
2		6	5	3	1		8	
5	123	123	8	4	7	123	6	9
6	3789	389	1	5	2	37	347	47
17	127	4	3	6	9	8	127	5

예2-1

오른쪽 맨 아래 박스에서는 '숨겨진 2개짜리 짝'을 찾을 수 있다. 이 박스에는 후보숫자 1과 2가 2개의 셀에 함께 있다. 즉, 1과 2는 2개의 셀에만 일정한 순서대로 들어갈 수 있다. 따라서 이 2개의 셀에서 나머지 후보숫자들을 제거해야 한다. 이제 계속해서 스도쿠를 풀 수 있는 다음 방법을 알아보자.

3개짜리 짝 찾기

컬럼2에 후보숫자 1, 2, 3을 전부 또는 일부 적은 3개의 셀이 있다.

8	23	7	6	9	5	4		1
4	6		7	1	3			8
9	13		2	8	4			6
	5		4	2	8	6		3
3	148		9	7	6			2
2	479	6	5	3	1		8	
5	123		8	4	7		6	9
6	89		1	5	2			
	127	4	3	6	9	8		5

예2-2

그러므로 이 3개의 숫자는 3개의 셀에 어떤 규칙대로 놓여야만 한다. 이제 당신은 컬럼2의 다른 모든 셀에서 후보숫자 1과 2를 제거할 수 있다. 이 방법으로 컬럼2의 맨 아래 셀을 풀 수 있다.

우리는 www.sudokusolver.com에 스도쿠를 푸는 더 많은 방법을 소개했다. 이 책에 있는 어느 문제든 풀기 어렵다면 이 사이트를 방문하라. 또한 책에 있는 스도쿠를 모두 푼다면 다른 《슈퍼 스도쿠 시리즈》에도 도전해보길 바란다. 스도쿠를 완성했을 때 느낄 수 있는 짜릿한 쾌감과 재미가 당신을 기다리고 있다.

CONTENTS

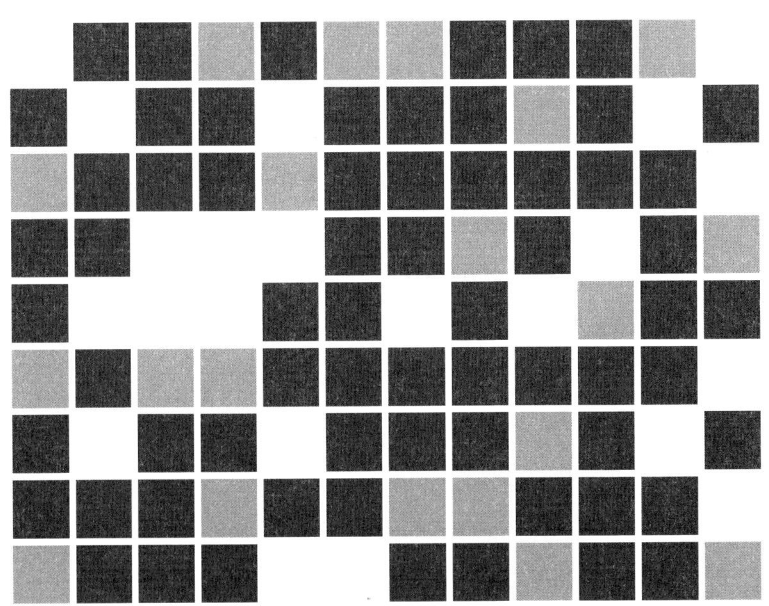

SUPER **SUDOKU** PREMIER

LEVEL 1 001~100

LEVEL 2 101~180

LEVEL 3 181~200

SUPER **SUDOKU**

001

				3			8	
9				6				
		6	1		2	3		
		2	8		6	9		
6	5						4	1
		3	4		9	2		
		7	6		5	1		
				7				5
	9			8				

PREMIER **LEVEL 1**

SUPER **SUDOKU**

002

2			1		5			
	4	6					5	
7					8	9		3
	8			1		4		
	1						8	
		3		6			1	
1		4	3					5
	9					1	7	
			9		1			8

PREMIER **LEVEL 1**

SUPER **SUDOKU**

003

	1		9				8	
3				1				2
		7			8	1		
		9	7		6			1
	3						4	
4			3		1	2		
		3	6			7		
6				2				5
	8				3		9	

SUPER **SUDOKU**

004

9			1		4			8
				8				
	6	7				5	4	
		3		2		4		
			4		8			
		6		1		9		
	1	8				3	9	
				7				
5			9		6			2

PREMIER **LEVEL 1**

SUPER **SUDOKU**

005

9			6		8			1
		1			3			
				1			8	
7	4			3				2
		6	2		4	1		
2				7			4	5
	6			8				
			1			6		
5			9		2			7

PREMIER **LEVEL 1**

SUPER **SUDOKU**

006

8						1		
	2	5		8		4	3	
9					6			
					8		7	6
		2		7		8		
7	6		5					
			3					8
	3	1		2		6	9	
		7						4

PREMIER **LEVEL 1**

SUPER **SUDOKU**

007

		1	8		2			
	7			9			4	
			6	7				8
5						8		3
	2	7		4		1	6	
3		6						4
7				8	6			
	9			5			8	
			2		3	9		

PREMIER **LEVEL 1**

SUPER **SUDOKU**

008

			8		1		2	
9		8						3
1		6				8		
					8		3	7
8			9		7			4
2	7		1					
		4				3		2
3						5		1
	6		3		5			

SUPER **SUDOKU**

009

	8		3					
5		3		7		6		
	7		2				9	
6		9		1				
	1		5		9		8	
				4		9		1
	5				6		4	
		8		2		3		7
					3		1	

PREMIER **LEVEL 1**

SUPER **SUDOKU**

010

					7			
	7			5		3	6	
	5	4	3		8	7		
9		5				6		
	4			6			8	
		6				9		2
		2	8		6	1	5	
	1	8		3			4	
			4					

PREMIER **LEVEL 1**

SUPER **SUDOKU**

011

					7		9	
6		8	5	3				
				8	2		1	
7		9					4	
	5	4				1	8	
	8					7		6
	2		9	6				
				4	3	5		1
	4		2					

PREMIER **LEVEL 1**

SUPER **SUDOKU**

012

8		3		9		6		
					4		2	
4		2		8				3
							5	
6		7		2		3		8
	3							
2				3		7		6
	1		8					
		5		6		1		2

PREMIER **LEVEL 1**

SUPER **SUDOKU**

013

			4				6	
2		8			6	5		
	6		2		3		4	
	7	4				1		6
5		1				8	9	
	9		1		7		3	
		7	3			6		5
	5				2			

PREMIER **LEVEL 1**

SUPER **SUDOKU**

014

	6	3		9	8			
		8	2					9
			7				5	3
1						5	9	
3								8
	7	5						1
9	1				7			
6					4	9		
			3	6		7	1	

PREMIER **LEVEL 1**

SUPER **SUDOKU**

015

5			2		9			4
	8						2	
7		4				5		9
			7		5			
	6	5				9	8	
			3		8			
4		8				6		1
	1						5	
2			9		1			8

SUPER **SUDOKU**

016

9			3	4				8
	7	1				3		
	3						9	
7			2	1				
2			6	9	8			7
				5	4			3
	2						5	
		4				6	7	
1				6	5			9

PREMIER **LEVEL 1**

SUPER **SUDOKU**

017

9	1				8			7
		3						8
		7			5	3	2	
3		4		5				
			3	7	6			
				9		6		3
	9	6	5			7		
1						9		
4			7				1	6

PREMIER **LEVEL 1**

SUPER **SUDOKU**

018

3			1			5		
			2			4	1	
				5			8	6
1	8		3					
		2		6		1		
					9		5	8
8	4			7				
	6	3			2			
		7			1			4

SUPER **SUDOKU**

019

			2	7		1		5
1		2		9		6		
	6	9		1				
						4		6
	4	1				3	2	
6		7						
				5		7	3	
		3		2		5		1
5		6		4	3			

SUPER **SUDOKU**

020

3	4	5	7					8
	8			1			4	7
								3
			3		2			1
	6						2	
2			6		8			
5								
4	2			6			7	
7					5	9	1	6

PREMIER **LEVEL 1**

SUPER **SUDOKU**

021

3				2				6
	7		1				2	
		2	3			5		
			7		9	2	8	
5								7
	4	7	6		2			
		3			6	4		
	6				5		1	
8				7				9

SUPER **SUDOKU**

022

8			7				9	
	3			6			7	1
		1			2	5		
7			1			6		
	1			4			2	
		6			8			3
		4	3			9		
1	5			8			3	
	8				9			4

PREMIER **LEVEL 1**

SUPER **SUDOKU**

023

			6	8	3			
	7	9	4	2			1	
							5	
5							6	8
3	8						7	9
9	2							5
	4							
	9			6	1	7	8	
			5	4	9			

PREMIER **LEVEL 1**

SUPER **SUDOKU**

024

5			2		6		3	8
								1
		3		1		4		
9					3			6
		6		7		8		
1			4					2
		7		9		1		
6								
4	1		6		7			9

PREMIER **LEVEL 1**

SUPER **SUDOKU**

025

3	4		2		5		9	
5		1						4
	2	8		1				
8					4			2
		2				5		
1			3					8
				9		2	8	
6						9		3
	9		8		7		1	5

SUPER **SUDOKU**

026

5		4	1				9	2
3			8					
		1	3			6		8
						4	1	5
				5				
4	9	5						
2		9			6	8		
					3			6
6	3				2	9		1

SUPER **SUDOKU**

027

	2	4		8				
	8				1		9	2
				4	2			7
	3	6						
9		8				3		6
						8	1	
6			5	7				
3	5		8				7	
				2		6	5	

PREMIER **LEVEL 1**

SUPER **SUDOKU**

028

4	6							1
				7	3	5		6
	3		6					
	1		5		8	4		
	8						1	
		2	9		4		7	
					7		2	
2		8	3	4				
5							6	4

PREMIER **LEVEL 1**

SUPER **SUDOKU**

029

2			6			5	8	
4			7	1				
		8				9	7	
					3		2	
		4				1		
	5		4					
	1	2				8		
				8	1			6
	4	3			6			7

PREMIER **LEVEL 1**

SUPER **SUDOKU**

030

			2	5		6		
			9					
7		5			6	3		
		9		4			1	8
8			6		9			4
4	7			1		2		
		8	7			1		2
					1			
		7		2	3			

PREMIER **LEVEL 1**

SUPER **SUDOKU**

031

	2							
	1		9	6				2
		5			7	9		4
		3						5
	8		7		1		9	
1						3		
9		8	2			6		
6				1	5		4	
							3	

PREMIER **LEVEL 1**

SUPER **SUDOKU**

032

					9			6
	3					4		8
	7				8		9	
7				3				5
3			6		2			1
5				8				2
	9		7				5	
1		8					2	
2			8					

PREMIER **LEVEL 1**

SUPER **SUDOKU**

033

8					3	7		
			4	7				
		1		5				6
	2				6			7
	9	8				2	6	
4			5				1	
2				3		1		
				6	4			
		5	1					9

PREMIER **LEVEL 1**

SUPER **SUDOKU**

034

			6				9	
	4	6			3		1	2
	5			7		4		
9			8		7		4	
		2				6		
	3		2		4			1
		4		2			6	
6	9		5			1	2	
	2				6			

SUPER **SUDOKU**

035

3	9			7	4			
	2			9				
						7	8	
	4							8
1	5			6			9	3
9							4	
	6	9						
				3			2	
			7	2			5	6

PREMIER **LEVEL 1**

SUPER **SUDOKU**

036

	3	7						
2			1			7		
9		6		2			4	
	9			8	2			
		1	5		3	4		
			4	6			3	
	7			4		3		2
		2			5			8
						6	7	

PREMIER **LEVEL 1**

SUPER **SUDOKU**

037

		4	1	9			2	
		1			5		3	
				6			1	9
	5	9						
1								4
						7	5	
8	1			5				
	2		8			3		
	4			1	7	6		

PREMIER **LEVEL 1**

SUPER **SUDOKU**

038

1			9		5		8	
			1	8		4		2
			4					
5		1						3
	7	3				6	2	
2						5		7
					4			
6		9		5	7			
	1		8		6			5

SUPER **SUDOKU**

039

	4			3			2	
			2	6			3	5
	3				8	7		
		8				1		2
		4				5		
9		5				6		
		7	5				1	
1	9			2	4			
	5			9			7	

SUPER **SUDOKU**

040

5				8				2
		1	4					
		2			3	9	4	
		3		6			9	
2			3		8			1
	6			1		3		
	1	6	8			4		
					1	7		
7				2				6

PREMIER **LEVEL 1**

SUPER **SUDOKU**

041

3			7		4			6
	6			8	5		9	
		8				7		
4	5							2
	3			1			5	
1							6	9
		9				6		
	4		6	7			2	
6			9		2			3

PREMIER **LEVEL 1**

SUPER **SUDOKU**

042

	1		2			5		
			6	1	8			2
4								
	4						6	8
	5			4			9	
6	3						2	
								7
9			8	6	7			
		7			1		5	

PREMIER **LEVEL 1**

SUPER **SUDOKU**

043

		6				8		
	5		3		6		1	
2				8				4
		1		2		3		
8								2
		5		7		1		
1				5				6
	6		1		9		3	
		7				5		

PREMIER **LEVEL 1**

SUPER **SUDOKU**

044

				7				3
1								4
	8			2		9		
8		4			3			7
	7						2	
2			9			8		5
		1		4			5	
4								8
5				1				

PREMIER **LEVEL 1**

SUPER **SUDOKU**

045

6	2			5				
	9	1				6		
5	3				4			8
					8			
	5		1		2		3	
			9					
9			4				1	6
		2				5	4	
				8			2	9

PREMIER **LEVEL 1**

SUPER **SUDOKU**

046

3			8		5			4
		6		4		7		
	4			6			1	
	5		1		8		4	
	7		6		9		2	
	2			9			6	
		1		8		5		
4			2		6			9

PREMIER **LEVEL 1**

SUPER **SUDOKU**

047

	1	6	9					
9	8			7				
3					1	9		
7				2		4		
	3		8		9		7	
		4		5				6
		2	5					4
				9			1	5
					2	8	6	

PREMIER **LEVEL 1**

SUPER **SUDOKU**

048

		8	5					3
			7			1	5	
7			3		2		4	
5	2	4				3		
		1				7	9	8
	5		6		3			7
	8	2			7			
6					5	9		

PREMIER **LEVEL 1**

SUPER **SUDOKU**

049

1						5		2
					5			1
		4			1	9	3	
6	3		5		9			
			8		7		2	5
	8	5	9			6		
3			4					
7		2						3

PREMIER **LEVEL 1**

SUPER **SUDOKU**

050

	4		7				9	
5				9	1			3
				8	4			
	8	5						7
	9	1				8	2	
6						9	4	
			6	4				
2			9	1				4
	3				2		7	

PREMIER **LEVEL 1**

SUPER **SUDOKU**

051

5				9			6	
	3			6	7		4	1
			3					
		1	9				3	
3	4						5	9
	9				2	6		
					8			
6	5		7	2			9	
	8			4				6

PREMIER **LEVEL 1**

SUPER **SUDOKU**

052

1	7					9		5
		5		7				8
4			5				3	
			9		7	6		
	5			3			8	
		2	8		4			
	8				5			3
5				1		8		
2		6					7	4

PREMIER **LEVEL 1**

SUPER **SUDOKU**

053

		4			8	7		
		2		7				
5			9	2			3	6
1						4		
	2	3				6	5	
		6						7
6	8			5	9			3
				6		5		
		7	3			9		

PREMIER **LEVEL 1**

SUPER **SUDOKU**

054

4		9				2		8
	5						1	
8				2	4			5
		2	8		7			
		3		6		8		
			4		2	5		
9			7	8				1
	2						8	
3		8				9		6

PREMIER **LEVEL 1**

SUPER **SUDOKU**

055

	9	7	6			5		
				1				4
6			8	7				3
						4		1
	1	3				7	8	
8		6						
3				4	7			6
7				2				
		9			8	1	3	

PREMIER **LEVEL 1**

SUPER **SUDOKU**

056

	3		2				5	
1		7			5			8
					8		3	
	8	2		5				6
			8		4			
6				2		5	8	
	1		4					
8			7			3		1
	7				1		2	

PREMIER **LEVEL 1**

SUPER **SUDOKU**

057

	8	9		2		7		
4					8			
7		2						9
			1		5		6	
2								8
	3		8		2			
5						2		7
			3					4
		6		4		8	1	

PREMIER **LEVEL 1**

SUPER **SUDOKU**

058

		1			9			
	8		1	6				
9		7						1
		4	9				3	2
			6		7			
2	7				4	1		
8						5		6
				3	8		9	
			5			3		

SUPER **SUDOKU**

059

			2		5			
	2						6	
3		1		8		5		2
2			1	6	7			3
				3				
6			4	5	9			7
9		5		1		4		6
	7						8	
			5		8			

PREMIER **LEVEL 1**

SUPER **SUDOKU**

060

5		4					9	1
1					4			
		6			1	7		8
	2	1		4				
			3		5			
				6		9	2	
7		3	5			4		
			4					7
4	8					6		9

PREMIER **LEVEL 1**

SUPER **SUDOKU**

061

				6	9		3	
2			4			1		
	8	3	1			6		
6						8	4	
1								3
	2	4						6
		5			1	9	7	
		7			6			1
	1		5	8				

SUPER **SUDOKU**

062

		5		2	9			
					1	2		
	2	1	8			9		4
8	1					4		
3								7
		6					8	2
5		9			2	8	4	
		3	4					
			7	1		5		

PREMIER **LEVEL 1**

SUPER **SUDOKU**

063

5		7		2				3
		8			3			
6			4				7	
	5		6				1	7
			2		1			
3	1				7		9	
	3				2			1
			3			2		
8				1		5		9

PREMIER **LEVEL 1**

SUPER **SUDOKU**

064

		2			7		6	
7			2	1				
					8			5
8		1	5		4		9	
	3						4	
	9		6		1	8		7
6			8					
				5	6			9
	5		1			6		

PREMIER **LEVEL 1**

SUPER **SUDOKU**

065

4		8			1	7		6
		1	4					
9				7			4	1
7							3	
		6				2		
	3							5
1	8			5				7
					2	4		
6		7	9			5		2

PREMIER **LEVEL 1**

SUPER **SUDOKU**

066

6					8		7	
	4				5			6
				7	2		9	
		4	1				2	5
8	3				7	9		
	9		2	3				
5			4				1	
	1		7					2

PREMIER **LEVEL 1**

SUPER **SUDOKU**

067

6	9		5	7	8			
	7			1		2		6
						6		8
7	8			2			3	9
3		4						
2		5		8			4	
			6	9	2		8	5

PREMIER **LEVEL 1**

SUPER **SUDOKU**

068

				2				
		3	7		6	4		
	4	1			8	7	9	
	1	2					4	
7								9
	5					3	8	
	9	4	8			2	3	
		8	5		9	6		
				4				

PREMIER **LEVEL 1**

SUPER **SUDOKU**

069

5			3		2	6		9
						3		
3	4	6				1		
1			7		8			2
				3				
8			2		1			5
		1				9	8	3
		2						
4		8	9		5			6

PREMIER **LEVEL 1**

SUPER **SUDOKU**

070

6		3		4	1			7
	9		5		2			
		1				2		
				7			4	
			2		4			
	3			5				
		2				9		
			1		3		8	
8			4	2		1		3

PREMIER **LEVEL 1**

SUPER **SUDOKU**

071

	4						5	
9			5		3			2
			1		7			
7		3				5		4
4		8				6		7
2		6				9		8
			7		4			
3			9		1			6
	2						9	

PREMIER **LEVEL 1**

SUPER **SUDOKU**

072

			6	1	3			
9			7		5			2
	7						6	
2		8				4		5
	9			5			2	
7		1				6		9
	8						3	
3			5		7			6
			1	3	8			

PREMIER **LEVEL 1**

SUPER **SUDOKU**

073

5				4				7
			7	1		3		
		4					9	
1			9			5		3
	3						2	
2		6			1			4
	5					8		
		8		3	5			
7				9				2

PREMIER **LEVEL 1**

SUPER **SUDOKU**

074

1								
	4	6	7			3	1	
9	5		2			7	6	
	8	4			9			
			3			8	4	
	6	9			7		3	8
	2	1			6	9	7	
								1

PREMIER **LEVEL 1**

SUPER **SUDOKU**

075

8	2				6			7
	4	5					1	3
		9				6	2	
3			6		9			
				8				
			4		1			8
	9	1				2		
7	8					5	4	
4			5				8	9

PREMIER **LEVEL 1**

SUPER **SUDOKU**

076

	4		6	3		9		
	7	9					8	3
6							7	
			3		8			7
1				4				6
5			9		1			
	8							9
3	1					2	6	
		6		2	3		4	

PREMIER **LEVEL 1**

SUPER **SUDOKU**

077

		1	5	7	6			
				4				
		7	3			9		1
2						7		8
7	9						3	2
3		8						4
4		5			9	8		
				1				
			6	5	8	2		

PREMIER **LEVEL 1**

SUPER **SUDOKU**

078

3							1	7
8			4		1			
		1	6		2	8		
	9	6				1	7	
	5	3				4	6	
		2	9		4	5		
			1		5			2
5	4							1

PREMIER **LEVEL 1**

SUPER **SUDOKU**

079

		3	5		9	8		
1				8	2	5		
	5						6	
		1			8			5
5				4				8
6			9			4		
	1						3	
		9	1	7				4
		4	2		3	1		

SUPER **SUDOKU**

080

			5		3		1	6
						7	8	
2						3		5
6			4	8			7	
			6		9			
	5			7	2			8
7		9						4
	8	6						
5	1		3		4			

PREMIER **LEVEL 1**

SUPER **SUDOKU**

081

9		8			1	3		
	1			7				
4		2		8				6
					6			8
	2	4				9	1	
8			7					
3				6		4		1
				4			2	
		9	1			8		5

PREMIER **LEVEL 1**

SUPER **SUDOKU**

082

3				6	1		2	7
		7			2		8	
	2				3		5	
5	9							
	4		6		9		1	
							9	4
	1		9				6	
	6		3			2		
8	3		1	2				9

PREMIER **LEVEL 1**

SUPER **SUDOKU**

083

8								1
	6		7			5	2	
	1	4	5			8		
			1		4	2	6	
	9	6	8		5			
		9			2	6	1	
	3	5			1		8	
1								3

PREMIER **LEVEL 1**

SUPER **SUDOKU**

084

	4	2			5		7	
3				8	1		6	
7	9				8			
			3		4			
			6				2	7
	7		1	5				8
	3		4			9	5	

SUPER **SUDOKU**

085

		6						
2	4		8	6				
		7		1			6	
	9				7	4		5
5								2
7		1	2				9	
	2			4		9		
				7	3		2	6
						5		

PREMIER **LEVEL 1**

SUPER **SUDOKU**

086

3	6					9	4	7
7				3				1
5					1			
		2	8		9			
	8			5			1	
			3		2	6		
			1					3
1				9				5
8	9	5					7	6

PREMIER **LEVEL 1**

SUPER **SUDOKU**

087

8	7			4				
			1			5		
						7	4	2
2					3		6	9
				8				
9	1		7					4
4	2	3						
		6			8			
				6			5	3

SUPER **SUDOKU**

088

		9	3			5	2	
5								
4		7	8			1		6
				3		7		9
			4		2			
8		3		6				
2		1			3	9		7
								4
	7	4			1	6		

PREMIER **LEVEL 1**

SUPER **SUDOKU**

089

		1	3		7			
	8			6			9	
		4		1		5		7
8								4
	6	3				8	7	
4								3
5		6		9		7		
	7			5			6	
			8		6	2		

PREMIER **LEVEL 1**

SUPER **SUDOKU**

090

2			3		1		6	
	6		2					1
				6			9	5
			9					
3	5						1	7
					4			
5	3			9				
1					5		2	
	7		4		6			8

PREMIER **LEVEL 1**

SUPER **SUDOKU**

091

	5		4				7	
7			2				9	3
		2	7			1		
6	1	9	5					
					4	6	1	9
		6			2	4		
4	9				7			1
	3				1		6	

PREMIER **LEVEL 1**

SUPER **SUDOKU**

092

	2		6		8		1	
5		4	3		1	8		2
		2	9		5	3		
8								5
		7	2		4	9		
6		5	8		3	2		9
	8		4		6		3	

PREMIER **LEVEL 1**

SUPER **SUDOKU**

093

		6	3			7		
	4	2					3	
7			9				8	6
			4		3	9		1
6		3	7		9			
3	6				4			9
	5					6	2	
		7			5	8		

PREMIER **LEVEL 1**

SUPER **SUDOKU**

094

	7	2		9				6
3					2		1	
4		1	6					
		6	3		7		5	
7								4
	1		2		9	3		
					8	9		5
	8		5					3
2				3		8	7	

PREMIER **LEVEL 1**

SUPER **SUDOKU**

095

9					7	1		5
	1			9			8	
4			8					
6			1		4	2		
	4						9	
		8	9		3			4
					5			2
	3			8			6	
8		2	6					9

PREMIER **LEVEL 1**

SUPER **SUDOKU**

096

7								5
		6	7		5	9		
	5		6		1		2	
	9	2				8	3	
4								9
	6	3				2	4	
	1		8		4		9	
		5	3		6	1		
6								2

PREMIER **LEVEL 1**

SUPER **SUDOKU**

097

5			8		7	2		
		7					4	5
			3		4	8		7
	5							
2		9				7		6
							1	
8		5	7		2			
1	2					5		
		4	5		3			8

PREMIER **LEVEL 1**

SUPER **SUDOKU**

098

7	3				4	1	5	
				2				3
				5			9	
						5	8	1
4	1						3	2
3	5	8						
	2			1				
9				6				
	7	4	5				2	6

PREMIER **LEVEL 1**

SUPER **SUDOKU**

099

8		4	1					
3	2			6		4		7
			3					
				1			4	3
1			8		3			9
7	3			4				
					5			
2		5		8			9	1
					1	8		2

PREMIER **LEVEL 1**

SUPER **SUDOKU**

100

		8	7	5				
	3			8			6	
		9			4	8		3
		1						7
2	4						8	1
8						6		
7		6	2			4		
	8			7			3	
				1	6	2		

PREMIER **LEVEL 1**

SUPER **SUDOKU**

101

		9			3	7		
	8		1		7		9	
7					9			3
9	5	8					6	
	4					8	1	9
5			2					1
	2		6		1		8	
		1	9			2		

PREMIER **LEVEL 2**

SUPER **SUDOKU**

102

1		3			4		5	
				3				6
6			1					
		6	8		1			5
	5			7			9	
9			6		3	7		
					6			9
7				8				
	6		7			1		8

SUPER **SUDOKU**

103

1	4	5	9				2	
			5					4
						6		
4			6	8		1		
5				2				8
		6		1	5			2
		9						
3					8			
	1				7	2	3	9

SUPER **SUDOKU**

104

4	5						1	8
6					3			9
		3	8			5		
	6		3		5	9		
		9	1		4		2	
		6			9	8		
1			7					6
2	9						7	3

PREMIER **LEVEL 2**

SUPER **SUDOKU**

105

8		1		7				
7	2		5		8			
							7	
1			6					9
5		3		4		8		1
2					9			3
	3							
			9		7		3	4
				6		1		7

PREMIER **LEVEL 2**

SUPER **SUDOKU**

106

		6	2		1		3	
3				8		6		
	4		9					2
6						3		7
	2						9	
7		4						5
2					8		7	
		9		2				8
	7		5		6	9		

PREMIER **LEVEL 2**

SUPER **SUDOKU**

107

	8			6		5		1
				8	9			2
			3					4
6	2	5						
9								6
						3	2	5
5					7			
4			8	3				
2		1		9			5	

SUPER **SUDOKU**

108

4	6			2				8
								6
		2	9		6	3		
		8	4		5	9		
3								7
		9	7		2	4		
		5	8		4	7		
8								
9				7			8	3

PREMIER **LEVEL 2**

SUPER **SUDOKU**

109

			4		3		8	
5				8		6		
	3		7		1			
6		9				8		7
	5						1	
4		8				2		9
			8		6		9	
		3		2				8
	8		1		9			

PREMIER **LEVEL 2**

SUPER **SUDOKU**

110

5				4				6
2		1				3		8
1	6		9		5		8	3
			4		7			
7	8		6		3		9	4
3		7				4		1
4				9				2

PREMIER **LEVEL 2**

SUPER **SUDOKU**

111

9			6			8		
	1						9	
			9			6		
		2	5			3	1	
		1		7		2		
	6	7			2	5		
		8			7			
	2						4	
		5			4			2

SUPER **SUDOKU**

112

7	6		5		2	9		8
				4				3
2			6					
8						1		4
	3			6			5	
4		7						9
					6			5
9				7				
6		5	9		8		1	7

PREMIER **LEVEL 2**

SUPER **SUDOKU**

113

	8	6						
				4	5			6
				1	8			7
	6	1	2		9			
	7	4				2	8	
			5		4	1	6	
8			4	5				
2			3	9				
						7	3	

PREMIER **LEVEL 2**

SUPER **SUDOKU**

114

2					9		8	
				6		5		4
7			5				6	
			4					
8		9	1		7	6		5
					5			
	9				6			7
4		1		7				
	5		8					2

PREMIER **LEVEL 2**

SUPER **SUDOKU**

115

		5	6	3	9	7		
	9						8	
	1						6	
5				4				8
			1		2			
3				9				7
	6						7	
	5						4	
		8	5	2	4	9		

PREMIER **LEVEL 2**

SUPER **SUDOKU**

116

2		6	3		5			7
					9			
8		3		1		9		
6							2	9
		2				6		
4	5							3
		8		5		2		4
			6					
7			1		4	3		5

PREMIER **LEVEL 2**

SUPER **SUDOKU**

117

						1		
	7	2					9	
1		9	5	4		2	7	
			2		4	6		
		4		9		8		
		6	8		5			
	8	5		6	9	7		1
	6					4	2	
		7						

PREMIER **LEVEL 2**

SUPER **SUDOKU**

118

		6		4	3		7	
3	7				5		8	
								1
5	6		3		4			
2				8				6
			6		2		5	4
9								
	5		4				1	3
	4		2	3		9		

PREMIER **LEVEL 2**

SUPER **SUDOKU**

119

4		8	5				1	3
3					1			
		6				5		4
	4		8		3			5
				5				
6			1		9		4	
9		1				2		
			6					7
8	7				5	4		1

SUPER **SUDOKU**

120

	6		4		9			
4	3		6					
		5				8		
3	4		8					7
				9				
7					1		8	9
		3				7		
					6		5	8
			2		8		1	

PREMIER **LEVEL 2**

SUPER **SUDOKU**

121

		6	9					
			4	2			6	
9				6	7	3		
3	7					6		
	1	9				4	7	
		5					3	8
		3	2	9				6
	5			1	4			
					8	1		

PREMIER **LEVEL 2**

SUPER **SUDOKU**

122

					1			
		4	3	5		7		
	7	8		6		3	1	
3							7	
	4	1				9	2	
	8							5
	1	6		7		2	8	
		9		2	4	5		
			9					

PREMIER **LEVEL 2**

SUPER **SUDOKU**

123

	3	7	1			8		
		9			8			3
2							7	1
	7			5				9
			2		1			
8				9			4	
3	5							2
7			4			3		
		4			5	9	8	

PREMIER **LEVEL 2**

SUPER **SUDOKU**

124

			5		7			
		8				1		
	2		8	1	9		3	
		3	9		1	5		
9								4
		5	4		2	6		
	7		1	8	4		5	
		2				8		
			2		3			

PREMIER **LEVEL 2**

SUPER **SUDOKU**

125

			4		6	7		
		7		9		6		
4	1				2		8	
3		5						6
	8						3	
2						5		8
	6		2				1	7
		8		6		4		
		4	9		8			

PREMIER **LEVEL 2**

SUPER **SUDOKU**

126

3		9	7		5	8		6
				6				
			9		3			
9				8				5
		3	1		9	4		
7				3				8
			8		2			
				7				
5		2	6		4	1		3

PREMIER **LEVEL 2**

SUPER **SUDOKU**

127

		7		6		2		
				8	7			
8					9			1
	4	5						
7	8			1			3	4
						8	6	
4			1					8
			6	3				
		6		2		3		

PREMIER **LEVEL 2**

SUPER **SUDOKU**

128

		8	4					1
		1		7	5			
7	9			3		2		
5					4		6	
	1	6				5	7	
	3		5					2
		4		8			2	3
			9	4		8		
1					2	4		

SUPER **SUDOKU**

129

8			7			3		5
	7					9	2	
		6		2			7	8
5			6					
		1		4		8		
					7			9
6	4			5		2		
	2	5					9	
3		9			4			7

PREMIER **LEVEL 2**

SUPER **SUDOKU**

130

3	1			7	9		8	
					5	7		
6		7					4	
	7				6			
4	8		5		2		7	6
			4				2	
	6					2		8
		8	7					
	4		3	6			5	7

PREMIER **LEVEL 2**

SUPER **SUDOKU**

131

3					9	7		6
			2	8				
6		5			7	8		
5		1					7	
	6						5	
	4					1		8
		7	8			6		9
				1	2			
1		4	9					7

SUPER **SUDOKU**

132

8					3		1	7
1	2		5	7			8	
				8				
3							2	
	7	1		6		5	9	
	8							1
				3				
	3			2	9		7	6
4	1		7					9

PREMIER **LEVEL 2**

SUPER **SUDOKU**

133

		5		8			3	2
6		2		9				5
7		4			5			8
3	7	8						
						4	8	7
1			2			8		3
2				7		1		9
8	6			1		5		

PREMIER **LEVEL 2**

SUPER **SUDOKU**

134

			1					7
	9	7	4		3		1	
	6					3		
6	5			1			8	
			5		9			
	2			3			7	1
		5					2	
	1		8		7	4	9	
9					5			

PREMIER **LEVEL 2**

SUPER **SUDOKU**

135

8			9			3		4
		6			2		7	
	4					8		2
7			3		9		2	
				2				
	9		7		5			8
9		7					4	
	3		2			6		
5		1			3			7

PREMIER **LEVEL 2**

SUPER **SUDOKU**

136

4		9		1				
	2		9		3			
6					8			
	1				9	4	6	
5				8				2
	9	6	7				3	
			3					1
			8		6		4	
				7		8		6

PREMIER **LEVEL 2**

SUPER **SUDOKU**

137

					6	5		1
8						6	4	
	4				1		7	
4	8	3						
		9				7		
						3	2	4
	5		2				1	
	9	4						2
3		6	4					

PREMIER **LEVEL 2**

SUPER **SUDOKU**

138

		2		7		6	8	
6					3			
3		5				2		4
	6			2				
8			7		1			6
				8			9	
7		6				9		2
			8					1
	4	1		9		3		

PREMIER **LEVEL 2**

SUPER **SUDOKU**

139

	3		5			4		
		8		1				7
9					3		8	
		3		2				9
	9		3	6	4		7	
4				8		5		
	6		2					4
2				3		7		
		1			9		5	

SUPER **SUDOKU**

140

		3			7	2	5	
8		2			5			
5							3	7
2	6		5		8			
				1				
			2		6		1	5
3	9							8
			6			5		9
	2	5	9			1		

SUPER **SUDOKU**

141

						1		6
	3		6	4		5		
			7		5		9	2
	5	8			3	6		
	4						5	
		9	5			8	2	
4	7		1		6			
		6		5	7		1	
1		3						

PREMIER **LEVEL 2**

SUPER **SUDOKU**

142

	5		2			3		
	9						8	1
3		2			6	9		
		3	9		7			8
9			3		8	6		
		1	6			5		2
5	8						6	
		9			5		3	

PREMIER **LEVEL 2**

SUPER **SUDOKU**

143

6		7			3			8
	3			8		6	5	
	8		7					1
5						7		
	1			4			3	
		3						9
8					9		6	
	2	5		6			7	
3			1			8		5

PREMIER **LEVEL 2**

SUPER **SUDOKU**

144

					7			6
2			8			7	4	
6			3					
	2			6			3	1
	5			8			9	
9	3			1			7	
					4			9
	6	8			1			4
5			6					

PREMIER **LEVEL 2**

SUPER **SUDOKU**

145

6		3	2			5		9
					8			
7		8			9	4		2
	9	5						7
				3				
2						8	4	
9		2	5			6		4
			6					
5		7			2	3		8

SUPER **SUDOKU**

146

		1	5			9		
				9	6	4		
2	6			4				8
	9							7
	3	4				6	8	
8							9	
6				3			4	1
		2	6	7				
		3			4	8		

PREMIER **LEVEL 2**

SUPER **SUDOKU**

147

6	4			1			8	3
1			4	7				6
			9					
						1	3	
8	1			4			6	7
	6	3						
					3			
5				6	4			1
3	7			9			2	4

PREMIER **LEVEL 2**

SUPER **SUDOKU**

148

	8			7				5
9					1			3
2					8		4	
5	3			6		4		1
				4				
7		1		8			9	2
	9		7					8
3			8					9
6				9			5	

PREMIER **LEVEL 2**

SUPER **SUDOKU**

149

	1			7			9	
9			6		8			4
4				8				7
8		1	9		7	5		3
7				3				1
1			5		4			2
	3			1			7	

PREMIER **LEVEL 2**

SUPER **SUDOKU**

150

	2		4	6		3		
		3	2					7
4				5			2	
							1	3
8		5				9		4
9	3							
	5			3				1
2					4	6		
		9		7	6		8	

SUPER **SUDOKU**

151

			9		8		6	7
					6			
7	6			1			8	9
	4			5			3	
1	5						7	6
	9			8			2	
9	7			6			5	2
			5					
5	8		3		2			

SUPER **SUDOKU**

152

		6	2			4		
					9		7	
9				1		6		8
7			5		8		1	
		8		4		7		
	1		6		7			2
8		7		3				4
	5		1					
		1			6	2		

PREMIER **LEVEL 2**

SUPER **SUDOKU**

153

5			6	9				3
		7			3			
		6		7		1	5	
	3							4
4		8				9		7
9							1	
	5	9		8		3		
			1			2		
2				6	4			5

PREMIER **LEVEL 2**

SUPER **SUDOKU**

154

		9			5		6	
	6					7		
				4	1	3		
4			9	5	7			
	5						9	
			8	3	2			4
		3	1	8				
		2					8	
	9		7			6		

PREMIER **LEVEL 2**

SUPER **SUDOKU**

155

				4				
	1	5			9		8	
		4	2		3	7	9	
	3	9				8		
4				3				9
		1				4	6	
	9	7	4		1	5		
	5		8			9	4	
				9				

PREMIER **LEVEL 2**

SUPER **SUDOKU**

156

6	1				5	7		8
			6			4		9
2	7			3				
3							9	
		5		8		2		
	4							5
				5			6	2
5		6			9			
9		1	4				8	7

PREMIER **LEVEL 2**

SUPER **SUDOKU**

157

		5		8		6	7	
7		1	3					
8					5		1	9
		4					2	
9				4				1
	7					9		
2	6		5					8
					3	2		6
	5	7		6		1		

PREMIER **LEVEL 2**

SUPER **SUDOKU**

158

		3	5		1		6	
						5		4
6		2				1	8	
2				4				1
			7		9			
7				1				3
	9	6				8		2
8		1						
	2		1		8	7		

PREMIER **LEVEL 2**

SUPER **SUDOKU**

159

2	3				4			6
				3				2
		4	2			7		
4				7		6		
	9		6	8	2		4	
		6		4				8
		3			8	5		
8				1				
1			4				2	9

PREMIER **LEVEL 2**

SUPER **SUDOKU**

160

	2				5		4	6
7	3				4			2
				1		7		
					9		1	5
		3				6		
6	9		4					
		8		5				
5			1				7	9
3	4		8				6	

PREMIER **LEVEL 2**

SUPER **SUDOKU**

161

4			8		5			7
6				3				4
			1		2			
	8						2	
7		1	3		6	9		8
	5						3	
			2		1			
1				8				2
8			6		7			3

PREMIER **LEVEL 2**

SUPER **SUDOKU**

162

				2				
6			3		7	1		
	9				6	2		4
						4		2
2	1	6				8	7	3
3		7						
8		5	6				9	
		3	8		1			6
				3				

SUPER **SUDOKU**

163

						7	3	
			8				9	
7			3		9	6		
3					5			9
		2		8		4		
6			2					8
		3	9		6			1
	1				4			
	2	6						

PREMIER **LEVEL 2**

SUPER **SUDOKU**

164

	7	5			8	4	3	
3			2					8
6				7				2
1							6	
		8				7		
	3							9
8				9				7
9					3			5
	5	3	6			9	2	

PREMIER **LEVEL 2**

SUPER **SUDOKU**

165

7			9			3		4
	5						2	
1		9	6			5		
			8		1	7		3
				4				
8		4	3		2			
		1			8	4		9
	8						5	
9		2			7			1

PREMIER **LEVEL 2**

SUPER **SUDOKU**

166

9	8			1		6		4
		1			9			3
3				6			2	
	2							
1		6		3		2		8
							3	
	3			8				2
6			4			5		
2		8		9			1	7

PREMIER **LEVEL 2**

SUPER **SUDOKU**

167

5		4		2				7
			7					
			4	5	3			8
		2				7	4	
4		9				5		6
	6	7				1		
2			9	1	8			
					4			
9				6		3		4

SUPER **SUDOKU**

168

		8	9			1		
3				2	4			
					3		9	4
7	2						8	
9				5				6
	1						5	7
1	8		3					
			2	4				1
		4			9	5		

PREMIER **LEVEL 2**

SUPER **SUDOKU**

169

4					3			5
	2				5	7	9	
	6		4					
1	9		3		4	8		
				6				
		4	9		8		3	1
					9		4	
	4	2	5				1	
7			8					2

PREMIER **LEVEL 2**

SUPER **SUDOKU**

170

3		8	2			6		5
					9			
2	5						3	
				4		8		
9			5		6			3
		1		7				
	1						2	8
			4					
6		7			1	3		4

PREMIER **LEVEL 2**

SUPER **SUDOKU**

171

6					7			
9			4		6	3		
		7				4		8
	2			9			8	
1		8				7		3
	4			3			2	
8		1				2		
		5	6		2			7
			5					6

SUPER **SUDOKU**

172

		9		2	4			
					5	2		
	1		7	3				5
3	8					5		
1		5		8		3		2
		2					8	1
4				5	7		2	
		7	4					
			9	6		1		

PREMIER **LEVEL 2**

SUPER **SUDOKU**

173

			7		5	1		
7	4			9				
		2						5
	6	7		8				
5								7
				1		3	5	
6						4		
				2			1	3
		9	1		4			

PREMIER **LEVEL 2**

SUPER **SUDOKU**

174

		9	4	1			8	7
	3					4	2	5
			3					
			8				5	4
7				3				9
8	9				4			
					8			
9	8	2					4	
3	4			2	6	1		

PREMIER **LEVEL 2**

SUPER **SUDOKU**

175

2		5	6	7				
7			4					1
						7		
9		6	2					
		2				8		
					5	9		4
		7						
5					3			8
				8	1	3		2

PREMIER **LEVEL 2**

SUPER **SUDOKU**

176

4			5					2
	9		7					
				6			9	3
6	1		4			2		
		8				7		
		7			5		1	6
8	2			1				
					2		6	
7					9			1

PREMIER **LEVEL 2**

SUPER **SUDOKU**

177

	1			4	5	8		
2			1					
9		5				3		
4						5	1	
7		9		1		2		6
	5	1						4
		2				9		7
					8			3
		4	6	3			2	

PREMIER **LEVEL 2**

SUPER **SUDOKU**

178

1					5	3	8	
		2			9			5
	5	8						6
			2	5			9	1
			9		1			
9	2			7	4			
3						6	4	
2			4			1		
	6	4	7					9

PREMIER **LEVEL 2**

SUPER **SUDOKU**

179

		1			6		3	
				1		7		6
2			7				4	
		5	6		8			9
	2						5	
1			5		7	6		
	1				5			2
6		2		8				
	3		4			8		

PREMIER **LEVEL 2**

SUPER **SUDOKU**

180

6	5	4			3	1		
							4	6
			2			3		
			3			7	1	
	4	5				6	3	
	3	7			5			
		8			1			
5	9							
		3	5			8	6	2

PREMIER **LEVEL 2**

SUPER **SUDOKU**

181

	8		4			3		
			5	7				9
2					3			
		5					6	1
	2						3	
4	1					9		
			9					4
8				4	2			
		7			8		1	

PREMIER **LEVEL 3**

SUPER **SUDOKU**

182

				8	2			
							2	
2		9				3	1	
8		6	2	4				
		7		5		8		
				1	9	7		4
	7	3				6		5
	5							
			4	7				

PREMIER **LEVEL 3**

SUPER **SUDOKU**

183

					5	2	1	7
				7				9
		7	3					5
		1		3	8			2
	9		2		7		8	
7			1	4		5		
8					1	3		
1				8				
4	2	6	5					

PREMIER **LEVEL 3**

SUPER **SUDOKU**

184

2		4			7		6	
	8		1					5
1		9			2	3		
	7		4			9		3
9		8			5		1	
		6	3			7		1
7					8		9	
	9		7			5		6

PREMIER **LEVEL 3**

SUPER **SUDOKU**

185

			7				4	8
			4			5		
			3	9	5		2	
	6					8		7
7		3				4		1
9		8					5	
	8		9	2	7			
		9			4			
2	7				1			

SUPER **SUDOKU**

186

	6	9	7					
2						6	4	
5				6	2		1	
4					7	5		
		2		8		1		
		8	6					7
	9		5	1				4
	2	5						1
					6	9	3	

PREMIER **LEVEL 3**

SUPER **SUDOKU**

187

			4			5		1
		6		7				
			5		2		3	
	2	4				1		8
9								4
1		5				7	6	
	6		9		4			
				5		8		
2		1			6			

PREMIER **LEVEL 3**

SUPER **SUDOKU**

188

8			2		9			6
			4			2		3
				1			4	
2	5				4		7	9
		3				5		
9	4		7				3	2
	6			4				
4		7			3			
3			6		2			7

PREMIER **LEVEL 3**

SUPER **SUDOKU**

189

		2	3		8	6		
8				4				3
5								8
		5		6		4		
			9	3	5			
		7		2		3		
7								6
9				7				2
		6	4		2	8		

PREMIER **LEVEL 3**

SUPER **SUDOKU**

190

	7					6		
	6				1		3	2
4		1	6			7		
	5		1		3	2		
				8				
		7	4		6		1	
		4			7	1		3
8	3		2				4	
		5					2	

PREMIER **LEVEL 3**

SUPER **SUDOKU**

191

6				9				
			4				5	
	2	8				6		4
3	6				7			
			8		4			
			9				6	1
5		3				7	9	
	7				1			
				3				2

PREMIER **LEVEL 3**

SUPER **SUDOKU**

192

7						1		6
	9				7		4	
5		2		6		8		
	2		9		3			
		3				4		
			6		4		5	
		9		8		2		4
	4		3				1	
2		5						8

PREMIER **LEVEL 3**

SUPER **SUDOKU**

193

6		4	5					
	2				3		7	
			6		8		2	
4					1			2
	3						1	
2			9					4
	1		3		6			
	4		2				3	
					4	9		6

SUPER **SUDOKU**

194

		7		8	9	5		
					6			
6		2	1			4		7
7	2					6		
1								2
		5					7	3
3		1			7	2		4
			6					
		8	4	9		7		

PREMIER **LEVEL 3**

SUPER **SUDOKU**

195

		4		1				
	1		4			2	6	
	7				5			8
		7	9		1		4	
1				8				6
	4		6		3	1		
2			5				3	
	5	1			8		9	
				9		8		

PREMIER **LEVEL 3**

SUPER **SUDOKU**

196

				8	3	6		4
			2				3	
					4	8		5
	4				6	3		1
6								2
8		1	5				4	
9		4	1					
	8				7			
5		7	6	2				

PREMIER **LEVEL 3**

SUPER **SUDOKU**

197

	7	8	6		1	9		
		9	7		3	2		
								7
			8			6		1
	5						4	
2		1			6			
9								
		5	1		9	3		
		3	2		4	8	5	

PREMIER **LEVEL 3**

SUPER **SUDOKU**

198

		7		9		6		2
			2		5		9	
1			7				5	
	8	6						
2			6		9			3
						8	2	
	2				3			4
	7		4		1			
4		8		6		2		

PREMIER **LEVEL 3**

SUPER **SUDOKU**

199

		6		1			9	
			5					
4			6				3	
	6		1		4		8	5
		4				2		
1	7		2		3		4	
	3				5			6
					1			
	2			6		8		

PREMIER **LEVEL 3**

SUPER **SUDOKU**

200

				6				
8								2
		3	2	4	1	6		
	7		5		8		4	
		5		3		9		
	4		9		7		5	
		8	6	9	2	1		
6								5
				5				

PREMIER **LEVEL 3**

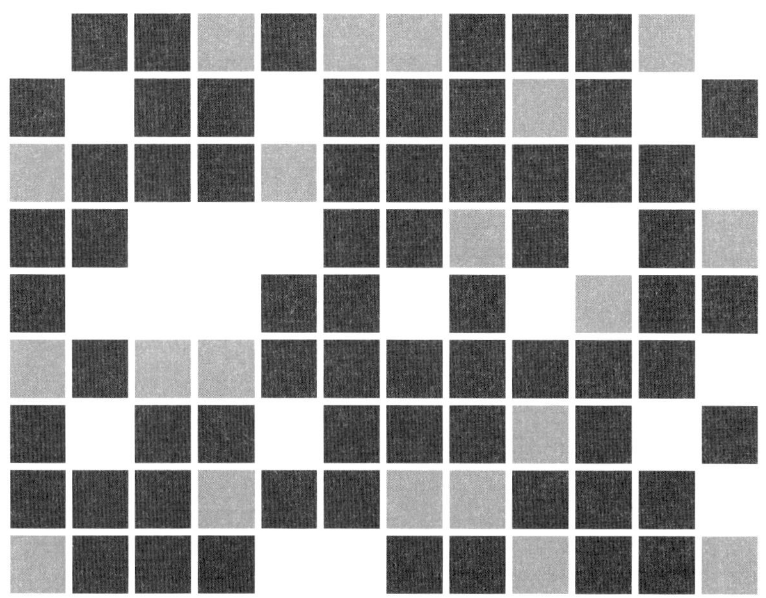

SUPER **SUDOKU** PREMIER

SOLUTION

SUPER **SUDOKU**

001

2	7	1	5	**3**	4	6	**8**	9
9	3	4	7	**6**	8	5	1	2
5	8	**6**	**1**	9	**2**	**3**	7	4
7	4	**2**	**8**	1	**6**	**9**	5	3
6	**5**	9	3	2	7	8	**4**	**1**
8	1	**3**	**4**	5	**9**	**2**	6	7
3	2	**7**	**6**	4	**5**	**1**	9	8
1	6	8	9	**7**	3	4	2	**5**
4	**9**	5	2	**8**	1	7	3	6

002

2	3	9	**1**	7	**5**	8	6	4
8	**4**	**6**	2	9	3	7	**5**	1
7	5	1	6	4	**8**	**9**	2	**3**
6	**8**	2	5	**1**	9	**4**	3	7
9	**1**	5	7	3	4	2	**8**	6
4	7	**3**	8	**6**	2	5	**1**	9
1	2	**4**	**3**	8	7	6	9	**5**
3	**9**	8	4	5	6	**1**	**7**	2
5	6	7	**9**	2	**1**	3	4	**8**

003

2	**1**	6	**9**	3	5	4	**8**	7
3	5	8	4	**1**	7	9	6	**2**
9	4	**7**	2	6	**8**	**1**	5	3
8	2	**9**	**7**	4	**6**	5	3	**1**
7	**3**	1	5	9	2	8	**4**	6
4	6	5	**3**	8	**1**	**2**	7	9
1	9	**3**	**6**	5	4	**7**	2	8
6	7	4	8	**2**	9	3	1	**5**
5	**8**	2	1	7	**3**	6	**9**	4

004

9	3	2	**1**	5	**4**	7	6	**8**
4	5	1	6	**8**	7	2	3	9
8	**6**	**7**	3	9	2	**5**	**4**	1
1	8	**3**	5	**2**	9	**4**	7	6
7	9	5	**4**	6	**8**	1	2	3
2	4	**6**	7	**1**	3	**9**	8	5
6	**1**	**8**	2	4	5	**3**	**9**	7
3	2	9	8	**7**	1	6	5	4
5	7	4	**9**	3	**6**	8	1	**2**

SUPER **SUDOKU**

005

9	7	5	**6**	2	**8**	4	3	**1**
6	8	**1**	4	5	**3**	7	2	9
4	2	3	7	**1**	9	5	**8**	6
7	**4**	8	5	**3**	1	9	6	**2**
3	5	**6**	**2**	9	**4**	**1**	7	8
2	1	9	8	**7**	6	3	**4**	**5**
1	**6**	7	3	**8**	5	2	9	4
8	9	2	**1**	4	7	**6**	5	3
5	3	4	**9**	6	**2**	8	1	**7**

006

8	7	4	2	9	3	**1**	6	5
6	**2**	**5**	7	**8**	1	**4**	**3**	9
9	1	3	4	5	**6**	7	8	2
3	5	9	1	4	**8**	2	**7**	**6**
1	4	**2**	6	**7**	9	**8**	5	3
7	**6**	8	**5**	3	2	9	4	1
4	9	6	**3**	1	7	5	2	**8**
5	**3**	**1**	8	**2**	4	**6**	**9**	7
2	8	**7**	9	6	5	3	1	**4**

007

4	6	**1**	**8**	3	**2**	5	7	9
2	**7**	8	1	**9**	5	3	**4**	6
9	3	5	**6**	**7**	4	2	1	**8**
5	4	9	7	6	1	**8**	2	**3**
8	**2**	**7**	3	**4**	9	**1**	**6**	5
3	1	**6**	5	2	8	7	9	**4**
7	5	2	9	**8**	**6**	4	3	1
1	**9**	3	4	**5**	7	6	**8**	2
6	8	4	**2**	1	**3**	**9**	5	7

008

4	3	7	**8**	9	**1**	6	**2**	5
9	5	**8**	6	4	2	7	1	**3**
1	2	**6**	5	7	3	**8**	4	9
6	4	9	2	5	**8**	1	**3**	**7**
8	1	3	**9**	6	**7**	2	5	**4**
2	**7**	5	**1**	3	4	9	8	6
5	8	**4**	7	1	9	**3**	6	**2**
3	9	2	4	8	6	**5**	7	**1**
7	**6**	1	**3**	2	**5**	4	9	8

SUPER **SUDOKU**

009

9	**8**	2	**3**	6	4	1	7	5
5	4	**3**	9	**7**	1	**6**	2	8
1	**7**	6	**2**	5	8	4	**9**	3
6	3	**9**	8	**1**	2	7	5	4
7	**1**	4	**5**	3	**9**	2	**8**	6
8	2	5	6	**4**	7	**9**	3	**1**
3	**5**	1	7	9	**6**	8	**4**	2
4	9	**8**	1	**2**	5	**3**	6	**7**
2	6	7	4	8	**3**	5	**1**	9

010

8	3	1	6	9	**7**	4	2	5
2	**7**	9	1	**5**	4	**3**	**6**	8
6	**5**	**4**	**3**	2	**8**	**7**	1	9
9	2	**5**	7	8	1	**6**	3	4
3	**4**	7	2	**6**	9	5	**8**	1
1	8	**6**	5	4	3	**9**	7	**2**
4	9	**2**	**8**	7	**6**	**1**	**5**	3
7	**1**	**8**	9	**3**	5	2	**4**	6
5	6	3	**4**	1	2	8	9	7

011

4	3	2	6	1	**7**	8	**9**	5
6	1	**8**	**5**	**3**	9	2	7	4
5	9	7	4	**8**	**2**	6	**1**	3
7	6	**9**	1	5	8	3	**4**	2
3	**5**	**4**	7	2	6	**1**	**8**	9
2	**8**	1	3	9	4	**7**	5	**6**
8	**2**	5	**9**	**6**	1	4	3	7
9	7	6	8	**4**	**3**	**5**	2	**1**
1	**4**	3	**2**	7	5	9	6	8

012

8	5	**3**	2	**9**	7	**6**	4	1
7	6	1	3	5	**4**	8	**2**	9
4	9	**2**	1	**8**	6	5	7	**3**
1	2	8	6	4	3	9	**5**	7
6	4	**7**	9	**2**	5	**3**	1	**8**
5	**3**	9	7	1	8	2	6	4
2	8	4	5	**3**	1	**7**	9	**6**
9	**1**	6	**8**	7	2	4	3	5
3	7	**5**	4	**6**	9	**1**	8	**2**

SUPER **SUDOKU**

013

3	1	9	**4**	7	5	2	**6**	8
2	4	**8**	9	1	**6**	**5**	7	3
7	**6**	5	**2**	8	**3**	9	**4**	1
9	**7**	**4**	5	3	8	**1**	2	**6**
6	8	2	7	9	1	3	5	4
5	3	**1**	6	2	4	**8**	**9**	7
8	**9**	6	**1**	5	**7**	4	**3**	2
1	2	**7**	**3**	4	9	**6**	8	**5**
4	**5**	3	8	6	**2**	7	1	9

014

5	**6**	**3**	1	**9**	**8**	2	4	7
7	4	**8**	**2**	3	5	1	6	**9**
2	9	1	**7**	4	6	8	**5**	**3**
1	8	6	4	7	3	**5**	**9**	2
3	2	9	6	5	1	4	7	**8**
4	**7**	**5**	9	8	2	6	3	**1**
9	**1**	4	5	2	**7**	3	8	6
6	3	7	8	1	**4**	**9**	2	5
8	5	2	**3**	**6**	9	**7**	**1**	4

015

5	3	1	**2**	7	**9**	8	6	**4**
6	**8**	9	1	5	4	7	**2**	3
7	2	**4**	8	3	6	**5**	1	**9**
8	4	2	**7**	9	**5**	1	3	6
3	**6**	**5**	4	1	2	**9**	**8**	7
1	9	7	**3**	6	**8**	2	4	5
4	7	**8**	5	2	3	**6**	9	**1**
9	**1**	3	6	8	7	4	**5**	2
2	5	6	**9**	4	**1**	3	7	**8**

016

9	5	2	**3**	**4**	6	7	1	**8**
4	**7**	**1**	5	8	9	**3**	6	2
6	**3**	8	1	2	7	4	**9**	5
7	4	5	**2**	**1**	3	9	8	6
2	1	3	**6**	**9**	**8**	5	4	**7**
8	6	9	7	**5**	**4**	1	2	**3**
3	**2**	6	9	7	1	8	**5**	4
5	9	**4**	8	3	2	**6**	**7**	1
1	8	7	4	**6**	**5**	2	3	**9**

SUPER **SUDOKU**

017

9	**1**	2	4	3	**8**	5	6	**7**
6	5	**3**	1	2	7	4	9	**8**
8	4	**7**	9	6	**5**	**3**	**2**	1
3	6	**4**	2	**5**	1	8	7	9
5	8	9	**3**	**7**	**6**	1	4	2
7	2	1	8	**9**	4	**6**	5	**3**
2	**9**	**6**	**5**	1	3	**7**	8	4
1	7	8	6	4	2	**9**	3	5
4	3	5	**7**	8	9	2	**1**	**6**

018

3	7	8	**1**	4	6	**5**	9	2
6	5	9	**2**	3	8	**4**	**1**	7
2	1	4	9	**5**	7	3	**8**	**6**
1	**8**	5	**3**	2	4	7	6	9
7	9	**2**	8	**6**	5	**1**	4	3
4	3	6	7	1	**9**	2	**5**	**8**
8	**4**	1	6	**7**	3	9	2	5
5	**6**	**3**	4	9	**2**	8	7	1
9	2	**7**	5	8	**1**	6	3	**4**

019

3	8	4	**2**	**7**	6	**1**	9	**5**
1	5	**2**	3	**9**	4	**6**	7	8
7	**6**	**9**	5	**1**	8	2	4	3
9	3	5	7	8	2	**4**	1	**6**
8	**4**	**1**	9	6	5	**3**	**2**	7
6	2	**7**	4	3	1	8	5	9
2	1	8	6	**5**	9	**7**	**3**	4
4	9	**3**	8	**2**	7	**5**	6	**1**
5	7	**6**	1	**4**	**3**	9	8	2

020

3	**4**	**5**	**7**	2	6	1	9	**8**
6	**8**	9	5	**1**	3	2	**4**	**7**
1	7	2	9	8	4	6	5	**3**
9	5	4	**3**	7	**2**	8	6	**1**
8	**6**	3	4	5	1	7	**2**	9
2	1	7	**6**	9	**8**	5	3	4
5	9	6	1	3	7	4	8	2
4	**2**	1	8	**6**	9	3	**7**	5
7	3	8	2	4	**5**	**9**	**1**	**6**

SUPER **SUDOKU**

021

3	9	1	5	**2**	8	7	4	**6**
6	**7**	5	**1**	9	4	8	**2**	3
4	8	**2**	**3**	6	7	**5**	9	1
1	3	6	**7**	5	**9**	**2**	**8**	4
5	2	8	4	3	1	9	6	**7**
9	**4**	**7**	**6**	8	**2**	1	3	5
2	5	**3**	9	1	**6**	**4**	7	8
7	**6**	9	8	4	**5**	3	**1**	2
8	1	4	2	**7**	3	6	5	**9**

022

8	6	5	**7**	1	4	3	**9**	2
9	**3**	2	8	**6**	5	4	**7**	**1**
4	7	**1**	9	3	**2**	**5**	8	6
7	9	8	**1**	2	3	**6**	4	5
5	**1**	3	6	**4**	7	8	**2**	9
2	4	**6**	5	9	**8**	7	1	**3**
6	2	**4**	**3**	7	1	**9**	5	8
1	**5**	9	4	**8**	6	2	**3**	7
3	**8**	7	2	5	**9**	1	6	**4**

023

1	5	2	**6**	**8**	**3**	9	4	7
8	**7**	**9**	**4**	**2**	5	3	**1**	6
4	6	3	1	9	7	8	**5**	2
5	1	7	9	3	4	2	**6**	**8**
3	**8**	4	2	5	6	1	**7**	**9**
9	**2**	6	7	1	8	4	3	**5**
6	**4**	1	8	7	2	5	9	3
2	**9**	5	3	**6**	**1**	**7**	**8**	4
7	3	8	**5**	**4**	**9**	6	2	1

024

5	9	1	**2**	4	**6**	7	**3**	**8**
7	4	2	3	5	8	6	9	**1**
8	6	**3**	7	**1**	9	**4**	2	5
9	7	4	8	2	**3**	5	1	**6**
2	5	**6**	9	**7**	1	**8**	4	3
1	3	8	**4**	6	5	9	7	**2**
3	8	**7**	5	**9**	2	**1**	6	4
6	2	9	1	8	4	3	5	7
4	**1**	5	**6**	3	**7**	2	8	**9**

SUPER **SUDOKU**

025

3	4	6	2	7	5	8	9	1
5	7	1	9	3	8	6	2	4
9	2	8	4	1	6	3	5	7
8	6	9	7	5	4	1	3	2
7	3	2	6	8	1	5	4	9
1	5	4	3	2	9	7	6	8
4	1	7	5	9	3	2	8	6
6	8	5	1	4	2	9	7	3
2	9	3	8	6	7	4	1	5

026

5	8	4	1	6	7	3	9	2
3	7	6	8	2	9	1	5	4
9	2	1	3	4	5	6	7	8
7	6	2	9	3	8	4	1	5
8	1	3	2	5	4	7	6	9
4	9	5	6	7	1	2	8	3
2	5	9	4	1	6	8	3	7
1	4	8	7	9	3	5	2	6
6	3	7	5	8	2	9	4	1

027

7	2	4	9	8	5	1	6	3
5	8	3	7	6	1	4	9	2
1	6	9	3	4	2	5	8	7
4	3	6	1	9	8	7	2	5
9	1	8	2	5	7	3	4	6
2	7	5	6	3	4	8	1	9
6	4	1	5	7	9	2	3	8
3	5	2	8	1	6	9	7	4
8	9	7	4	2	3	6	5	1

028

4	6	7	8	9	5	2	3	1
1	2	9	4	7	3	5	8	6
8	3	5	6	2	1	7	4	9
7	1	3	5	6	8	4	9	2
9	8	4	7	3	2	6	1	5
6	5	2	9	1	4	8	7	3
3	4	6	1	5	7	9	2	8
2	9	8	3	4	6	1	5	7
5	7	1	2	8	9	3	6	4

SUPER **SUDOKU**

029

2	3	7	**6**	9	4	**5**	**8**	1
4	9	5	**7**	**1**	8	6	3	2
1	6	**8**	5	3	2	**9**	**7**	4
9	8	6	1	7	**3**	4	**2**	5
7	2	**4**	8	6	5	**1**	9	3
3	**5**	1	**4**	2	9	7	6	8
6	**1**	**2**	3	4	7	**8**	5	9
5	7	9	2	**8**	**1**	3	4	**6**
8	**4**	**3**	9	5	**6**	2	1	**7**

030

9	3	1	**2**	**5**	4	**6**	8	7
2	8	6	**9**	3	7	4	5	1
7	4	**5**	1	8	**6**	**3**	2	9
6	5	**9**	3	**4**	2	7	**1**	**8**
8	1	2	**6**	7	**9**	5	3	**4**
4	**7**	3	5	**1**	8	**2**	9	6
3	6	**8**	**7**	9	5	**1**	4	**2**
5	2	4	8	6	**1**	9	7	3
1	9	**7**	4	**2**	**3**	8	6	5

031

7	**2**	9	1	5	4	8	6	3
3	**1**	4	**9**	**6**	8	5	7	**2**
8	6	**5**	3	2	**7**	**9**	1	**4**
4	7	**3**	6	8	9	1	2	**5**
5	**8**	2	**7**	3	**1**	4	**9**	6
1	9	6	5	4	2	**3**	8	7
9	4	**8**	**2**	7	3	**6**	5	1
6	3	7	8	**1**	**5**	2	**4**	9
2	5	1	4	9	6	7	**3**	8

032

8	2	1	3	4	**9**	5	7	**6**
9	**3**	5	2	7	6	**4**	1	**8**
4	**7**	6	5	1	**8**	2	**9**	3
7	6	2	1	**3**	4	9	8	**5**
3	8	9	**6**	5	**2**	7	4	**1**
5	1	4	9	**8**	7	3	6	**2**
6	**9**	3	**7**	2	1	8	**5**	4
1	5	**8**	4	9	3	6	**2**	7
2	4	7	**8**	6	5	1	3	9

SUPER **SUDOKU**

033

8	5	4	6	9	**3**	**7**	2	1
6	3	2	**4**	**7**	1	9	5	8
9	7	**1**	2	**5**	8	3	4	**6**
5	**2**	3	8	1	**6**	4	9	**7**
1	**9**	**8**	3	4	7	**2**	**6**	5
4	6	7	**5**	2	9	8	**1**	3
2	8	6	9	**3**	5	**1**	7	4
3	1	9	7	**6**	**4**	5	8	2
7	4	**5**	**1**	8	2	6	3	**9**

034

2	1	3	**6**	4	5	8	**9**	7
7	**4**	**6**	9	8	**3**	5	**1**	**2**
8	**5**	9	1	**7**	2	**4**	3	6
9	6	1	**8**	5	**7**	2	**4**	3
4	7	**2**	3	9	1	**6**	5	8
5	**3**	8	**2**	6	**4**	9	7	**1**
1	8	**4**	7	**2**	9	3	**6**	5
6	**9**	7	**5**	3	8	**1**	**2**	4
3	**2**	5	4	1	**6**	7	8	9

035

3	**9**	5	8	**7**	**4**	6	1	2
8	**2**	7	1	**9**	6	4	3	5
6	1	4	3	5	2	**7**	**8**	9
7	**4**	2	9	1	3	5	6	**8**
1	**5**	8	4	**6**	7	2	**9**	**3**
9	3	6	2	8	5	1	**4**	7
2	**6**	**9**	5	4	8	3	7	1
5	7	1	6	**3**	9	8	**2**	4
4	8	3	**7**	**2**	1	9	**5**	**6**

036

4	**3**	**7**	9	5	6	2	8	1
2	5	8	**1**	3	4	**7**	9	6
9	1	**6**	8	**2**	7	5	**4**	3
3	**9**	4	7	**8**	**2**	1	6	5
8	6	**1**	**5**	9	**3**	**4**	2	7
7	2	5	**4**	**6**	1	8	**3**	9
1	**7**	9	6	**4**	8	**3**	5	**2**
6	4	**2**	3	7	**5**	9	1	**8**
5	8	3	2	1	9	**6**	**7**	4

SUPER **SUDOKU**

037

6	3	**4**	**1**	**9**	8	5	**2**	7
2	9	**1**	4	7	**5**	8	**3**	6
7	8	5	3	**6**	2	4	**1**	**9**
3	**5**	**9**	7	2	4	1	6	8
1	7	8	5	3	6	2	9	**4**
4	6	2	9	8	1	**7**	**5**	3
8	**1**	7	6	**5**	3	9	4	2
5	**2**	6	**8**	4	9	**3**	7	1
9	**4**	3	2	**1**	**7**	**6**	8	5

038

1	2	4	**9**	7	**5**	3	**8**	6
7	9	6	**1**	**8**	3	**4**	5	**2**
8	3	5	**4**	6	2	1	7	9
5	6	**1**	7	2	9	8	4	**3**
9	**7**	**3**	5	4	8	**6**	**2**	1
2	4	8	6	3	1	**5**	9	**7**
3	5	7	2	1	**4**	9	6	8
6	8	**9**	3	**5**	**7**	2	1	4
4	**1**	2	**8**	9	**6**	7	3	**5**

039

5	**4**	6	1	**3**	7	9	**2**	8
7	8	1	**2**	**6**	9	4	**3**	**5**
2	**3**	9	4	5	**8**	**7**	6	1
6	7	**8**	3	4	5	**1**	9	**2**
3	2	**4**	9	1	6	**5**	8	7
9	1	**5**	8	7	2	**6**	4	3
4	6	**7**	**5**	8	3	2	**1**	9
1	**9**	3	7	**2**	**4**	8	5	6
8	**5**	2	6	**9**	1	3	**7**	4

040

5	9	4	7	**8**	6	1	3	**2**
3	7	**1**	**4**	9	2	8	6	5
6	8	**2**	1	5	**3**	**9**	**4**	7
1	4	**3**	5	**6**	7	2	**9**	8
2	5	9	**3**	4	**8**	6	7	**1**
8	**6**	7	2	**1**	9	**3**	5	4
9	**1**	**6**	**8**	7	5	**4**	2	3
4	2	5	6	3	**1**	**7**	8	9
7	3	8	9	**2**	4	5	1	**6**

SUPER **SUDOKU**

041

3	9	1	**7**	2	**4**	5	8	**6**
7	**6**	4	3	**8**	**5**	2	**9**	1
5	2	**8**	1	6	9	**7**	3	4
4	**5**	6	8	9	3	1	7	**2**
9	**3**	7	2	**1**	6	4	**5**	8
1	8	2	4	5	7	3	**6**	**9**
2	1	**9**	5	3	8	**6**	4	7
8	**4**	3	**6**	**7**	1	9	**2**	5
6	7	5	**9**	4	**2**	8	1	**3**

042

8	**1**	6	**2**	9	4	**5**	7	3
5	7	3	**6**	**1**	**8**	9	4	**2**
4	9	2	5	7	3	8	1	6
7	**4**	9	1	5	2	3	**6**	**8**
2	**5**	8	3	**4**	6	7	**9**	1
6	**3**	1	7	8	9	4	**2**	5
1	6	4	9	3	5	2	8	**7**
9	2	5	**8**	**6**	**7**	1	3	4
3	8	**7**	4	2	**1**	6	**5**	9

043

7	9	**6**	4	1	2	**8**	5	3
4	**5**	8	**3**	9	**6**	2	**1**	7
2	1	3	7	**8**	5	6	9	**4**
6	4	**1**	9	**2**	8	**3**	7	5
8	7	9	5	3	1	4	6	**2**
3	2	**5**	6	**7**	4	**1**	8	9
1	3	4	8	**5**	7	9	2	**6**
5	**6**	2	**1**	4	**9**	7	**3**	8
9	8	**7**	2	6	3	**5**	4	1

044

6	4	2	1	**7**	9	5	8	**3**
1	5	9	6	3	8	2	7	**4**
3	**8**	7	5	**2**	4	**9**	6	1
8	6	**4**	2	5	**3**	1	9	**7**
9	**7**	5	4	8	1	3	**2**	6
2	1	3	**9**	6	7	**8**	4	**5**
7	3	**1**	8	**4**	2	6	**5**	9
4	2	6	3	9	5	7	1	**8**
5	9	8	7	**1**	6	4	3	2

SUPER **SUDOKU**

045

6	**2**	4	8	**5**	9	3	7	1
8	**9**	**1**	2	3	7	**6**	5	4
5	**3**	7	6	1	**4**	2	9	**8**
2	1	9	3	7	**8**	4	6	5
4	**5**	8	**1**	6	**2**	9	**3**	7
7	6	3	**9**	4	5	1	8	2
9	7	5	**4**	2	3	8	**1**	**6**
1	8	**2**	7	9	6	**5**	**4**	3
3	4	6	5	**8**	1	7	**2**	**9**

046

3	1	7	**8**	2	**5**	6	9	**4**
2	8	**6**	9	**4**	1	**7**	5	3
5	**4**	9	3	**6**	7	2	**1**	8
9	**5**	2	**1**	7	**8**	3	**4**	6
1	6	3	4	5	2	9	8	7
8	**7**	4	**6**	3	**9**	1	**2**	5
7	**2**	8	5	**9**	3	4	**6**	1
6	9	**1**	7	**8**	4	**5**	3	2
4	3	5	**2**	1	**6**	8	7	**9**

047

4	**1**	**6**	**9**	8	5	3	2	7
9	**8**	5	2	**7**	3	6	4	1
3	2	7	4	6	**1**	**9**	5	8
7	5	8	1	**2**	6	**4**	3	9
6	**3**	1	**8**	4	**9**	5	**7**	2
2	9	**4**	3	**5**	7	1	8	**6**
1	6	**2**	**5**	3	8	7	9	**4**
8	7	3	6	**9**	4	2	**1**	**5**
5	4	9	7	1	**2**	**8**	**6**	3

048

9	4	**8**	**5**	6	1	2	7	**3**
2	3	6	**7**	4	8	**1**	**5**	9
7	1	5	**3**	9	**2**	8	**4**	6
5	**2**	**4**	8	7	9	**3**	6	1
8	9	7	1	3	6	5	2	4
3	6	**1**	2	5	4	**7**	**9**	**8**
1	**5**	9	**6**	2	**3**	4	8	**7**
4	**8**	**2**	9	1	**7**	6	3	5
6	7	3	4	8	**5**	**9**	1	2

SUPER **SUDOKU**

049

1	9	6	7	4	3	**5**	8	**2**
8	2	3	6	9	**5**	7	4	**1**
5	7	**4**	2	8	**1**	**9**	**3**	6
6	**3**	8	**5**	2	**9**	1	7	4
2	5	7	3	1	4	8	6	9
9	4	1	**8**	6	**7**	3	**2**	**5**
4	**8**	**5**	**9**	3	2	**6**	1	7
3	1	9	**4**	7	6	2	5	8
7	6	**2**	1	5	8	4	9	**3**

050

8	**4**	3	**7**	6	5	1	**9**	2
5	7	6	2	**9**	**1**	4	8	**3**
9	1	2	3	**8**	**4**	7	5	6
4	**8**	**5**	1	2	9	3	6	**7**
3	**9**	**1**	4	7	6	**8**	**2**	5
6	2	7	5	3	8	**9**	**4**	1
7	5	9	**6**	**4**	3	2	1	8
2	6	8	**9**	**1**	7	5	3	**4**
1	**3**	4	8	5	**2**	6	**7**	9

051

5	1	8	2	**9**	4	7	**6**	3
2	**3**	9	8	**6**	**7**	5	**4**	**1**
4	7	6	**3**	5	1	9	8	2
7	6	**1**	**9**	8	5	2	**3**	4
3	**4**	2	1	7	6	8	**5**	**9**
8	**9**	5	4	3	**2**	**6**	1	7
9	2	3	6	1	**8**	4	7	5
6	**5**	4	**7**	**2**	3	1	**9**	8
1	**8**	7	5	**4**	9	3	2	**6**

052

1	**7**	8	4	2	3	**9**	6	**5**
3	6	**5**	1	**7**	9	4	2	**8**
4	2	9	**5**	8	6	1	**3**	7
8	3	1	**9**	5	**7**	**6**	4	2
6	**5**	4	2	**3**	1	7	**8**	9
7	9	**2**	**8**	6	**4**	3	5	1
9	**8**	7	6	4	**5**	2	1	**3**
5	4	3	7	**1**	2	**8**	9	6
2	1	**6**	3	9	8	5	**7**	**4**

SUPER **SUDOKU**

053

3	6	4	5	1	8	7	9	2
9	1	2	6	7	3	8	4	5
5	7	8	9	2	4	1	3	6
1	9	5	7	3	6	4	2	8
7	2	3	8	4	1	6	5	9
8	4	6	2	9	5	3	1	7
6	8	1	4	5	9	2	7	3
2	3	9	1	6	7	5	8	4
4	5	7	3	8	2	9	6	1

054

4	3	9	5	1	6	2	7	8
2	5	6	9	7	8	3	1	4
8	1	7	3	2	4	6	9	5
5	4	2	8	3	7	1	6	9
7	9	3	1	6	5	8	4	2
6	8	1	4	9	2	5	3	7
9	6	5	7	8	3	4	2	1
1	2	4	6	5	9	7	8	3
3	7	8	2	4	1	9	5	6

055

1	9	7	6	3	4	5	2	8
5	3	8	9	1	2	6	7	4
6	2	4	8	7	5	9	1	3
9	5	2	7	8	3	4	6	1
4	1	3	2	5	6	7	8	9
8	7	6	4	9	1	3	5	2
3	8	5	1	4	7	2	9	6
7	6	1	3	2	9	8	4	5
2	4	9	5	6	8	1	3	7

056

4	3	8	2	1	9	6	5	7
1	6	7	3	4	5	2	9	8
9	2	5	6	7	8	1	3	4
7	8	2	1	5	3	9	4	6
5	9	3	8	6	4	7	1	2
6	4	1	9	2	7	5	8	3
2	1	9	4	3	6	8	7	5
8	5	4	7	9	2	3	6	1
3	7	6	5	8	1	4	2	9

057

1	8	9	5	2	6	7	4	3
4	5	3	7	9	8	1	2	6
7	6	2	4	1	3	5	8	9
9	7	8	1	3	5	4	6	2
2	1	5	9	6	4	3	7	8
6	3	4	8	7	2	9	5	1
5	4	1	6	8	9	2	3	7
8	2	7	3	5	1	6	9	4
3	9	6	2	4	7	8	1	5

058

6	2	1	8	7	9	4	5	3
4	8	5	1	6	3	9	2	7
9	3	7	2	4	5	6	8	1
5	6	4	9	8	1	7	3	2
3	1	9	6	2	7	8	4	5
2	7	8	3	5	4	1	6	9
8	9	3	4	1	2	5	7	6
1	5	6	7	3	8	2	9	4
7	4	2	5	9	6	3	1	8

059

8	9	6	2	7	5	1	3	4
5	2	7	3	4	1	9	6	8
3	4	1	9	8	6	5	7	2
2	5	9	1	6	7	8	4	3
7	1	4	8	3	2	6	5	9
6	3	8	4	5	9	2	1	7
9	8	5	7	1	3	4	2	6
1	7	2	6	9	4	3	8	5
4	6	3	5	2	8	7	9	1

060

5	7	4	6	3	8	2	9	1
1	9	8	2	7	4	3	6	5
2	3	6	9	5	1	7	4	8
3	2	1	8	4	9	5	7	6
9	6	7	3	2	5	8	1	4
8	4	5	1	6	7	9	2	3
7	1	3	5	9	6	4	8	2
6	5	9	4	8	2	1	3	7
4	8	2	7	1	3	6	5	9

SUPER **SUDOKU**

061

7	5	1	2	**6**	**9**	4	**3**	8
2	9	6	**4**	3	8	**1**	5	7
4	**8**	**3**	**1**	7	5	**6**	2	9
6	3	9	7	1	2	**8**	**4**	5
1	7	8	6	5	4	2	9	**3**
5	**2**	**4**	8	9	3	7	1	**6**
8	6	**5**	3	4	**1**	**9**	**7**	2
3	4	**7**	9	2	**6**	5	8	**1**
9	**1**	2	**5**	**8**	7	3	6	4

062

4	3	**5**	6	**2**	**9**	1	7	8
7	9	8	5	4	**1**	**2**	6	3
6	**2**	**1**	**8**	7	3	**9**	5	**4**
8	**1**	7	2	3	6	**4**	9	5
3	5	2	9	8	4	6	1	**7**
9	4	**6**	1	5	7	3	**8**	**2**
5	7	**9**	3	6	**2**	**8**	**4**	1
1	8	**3**	**4**	9	5	7	2	6
2	6	4	**7**	**1**	8	**5**	3	9

063

5	4	**7**	1	**2**	6	9	8	**3**
1	9	**8**	5	7	**3**	6	2	4
6	2	3	**4**	9	8	1	**7**	5
2	**5**	4	**6**	3	9	8	**1**	**7**
7	8	9	**2**	4	**1**	3	5	6
3	**1**	6	8	5	**7**	4	**9**	2
4	**3**	5	9	8	**2**	7	6	**1**
9	7	1	**3**	6	5	**2**	4	8
8	6	2	7	**1**	4	**5**	3	**9**

064

5	8	**2**	9	4	**7**	1	**6**	3
7	6	3	**2**	**1**	5	9	8	4
1	4	9	3	6	**8**	2	7	**5**
8	7	**1**	**5**	2	**4**	3	**9**	6
2	**3**	6	7	8	9	5	**4**	1
4	**9**	5	**6**	3	**1**	**8**	2	**7**
6	1	7	**8**	9	3	4	5	2
3	2	8	4	**5**	**6**	7	1	**9**
9	**5**	4	**1**	7	2	**6**	3	8

SUPER **SUDOKU**

065

4	2	**8**	3	9	**1**	**7**	5	**6**
5	7	**1**	**4**	6	8	9	2	3
9	6	3	2	**7**	5	8	**4**	**1**
7	5	4	8	2	6	1	**3**	9
8	1	**6**	5	3	9	**2**	7	4
2	**3**	9	1	4	7	6	8	**5**
1	**8**	2	6	**5**	4	3	9	**7**
3	9	5	7	1	**2**	**4**	6	8
6	4	**7**	**9**	8	3	**5**	1	**2**

066

6	2	3	9	4	**8**	5	**7**	1
9	**4**	7	3	1	**5**	2	8	**6**
1	8	5	6	**7**	**2**	4	**9**	3
7	6	**4**	**1**	9	3	8	**2**	**5**
2	5	9	8	6	4	1	3	7
8	**3**	1	5	2	**7**	**9**	6	4
4	**9**	6	**2**	**3**	1	7	5	8
5	7	2	**4**	8	6	3	**1**	9
3	**1**	8	**7**	5	9	6	4	**2**

067

5	4	1	2	3	6	8	9	7
6	**9**	2	**5**	**7**	**8**	3	1	4
8	**7**	3	9	**1**	4	**2**	5	**6**
1	5	9	3	4	7	**6**	2	**8**
7	**8**	6	1	**2**	5	4	**3**	**9**
3	2	**4**	8	6	9	5	7	1
2	6	**5**	7	**8**	1	9	**4**	3
4	3	7	**6**	**9**	**2**	1	**8**	**5**
9	1	8	4	5	3	7	6	2

068

9	7	5	1	**2**	4	8	6	3
2	8	**3**	**7**	9	**6**	**4**	1	5
6	**4**	**1**	3	5	**8**	**7**	**9**	2
8	**1**	**2**	9	7	3	5	**4**	6
7	3	6	4	8	5	1	2	**9**
4	**5**	9	6	1	2	**3**	**8**	7
5	**9**	**4**	**8**	6	7	**2**	**3**	1
1	2	**8**	**5**	3	**9**	**6**	7	4
3	6	7	2	**4**	1	9	5	8

069

5	1	7	**3**	8	**2**	**6**	4	**9**
2	8	9	1	4	6	**3**	5	7
3	**4**	**6**	5	7	9	**1**	2	8
1	9	3	**7**	5	**8**	4	6	**2**
7	2	5	6	**3**	4	8	9	1
8	6	4	**2**	9	**1**	7	3	**5**
6	5	**1**	4	2	7	**9**	**8**	**3**
9	7	**2**	8	6	3	5	1	4
4	3	**8**	**9**	1	**5**	2	7	**6**

070

6	2	**3**	8	**4**	**1**	5	9	**7**
7	**9**	8	**5**	3	**2**	4	1	6
5	4	**1**	9	6	7	**2**	3	8
2	5	6	3	**7**	9	8	**4**	1
9	8	7	**2**	1	**4**	3	6	5
1	**3**	4	6	**5**	8	7	2	9
3	1	**2**	7	8	6	**9**	5	4
4	7	5	**1**	9	**3**	6	**8**	2
8	6	9	**4**	**2**	5	**1**	7	**3**

071

6	**4**	7	8	9	2	1	**5**	3
9	8	1	**5**	6	**3**	4	7	**2**
5	3	2	**1**	4	**7**	8	6	9
7	9	**3**	6	1	8	**5**	2	**4**
4	5	**8**	2	3	9	**6**	1	**7**
2	1	**6**	4	7	5	**9**	3	**8**
1	6	9	**7**	2	**4**	3	8	5
3	7	5	**9**	8	**1**	2	4	**6**
8	**2**	4	3	5	6	7	**9**	1

072

8	4	2	**6**	**1**	**3**	9	5	7
9	6	3	**7**	8	**5**	1	4	**2**
1	**7**	5	2	9	4	3	**6**	8
2	3	**8**	9	7	6	**4**	1	**5**
4	**9**	6	8	**5**	1	7	**2**	3
7	5	**1**	3	4	2	**6**	8	**9**
5	**8**	7	4	6	9	2	**3**	1
3	1	4	**5**	2	**7**	8	9	**6**
6	2	9	**1**	**3**	**8**	5	7	4

SUPER **SUDOKU**

073

5	9	1	2	**4**	3	6	8	**7**
8	6	2	**7**	**1**	9	**3**	4	5
3	7	**4**	5	6	8	2	**9**	1
1	4	7	**9**	8	2	**5**	6	**3**
9	**3**	5	6	7	4	1	**2**	8
2	8	**6**	3	5	**1**	9	7	**4**
4	**5**	9	1	2	7	**8**	3	6
6	2	**8**	4	**3**	**5**	7	1	9
7	1	3	8	**9**	6	4	5	**2**

074

1	7	2	4	6	3	5	8	9
8	**4**	**6**	**7**	9	5	**3**	**1**	2
9	**5**	3	**2**	8	1	**7**	**6**	4
2	**8**	**4**	6	7	**9**	1	5	3
3	1	7	5	4	8	2	9	6
6	9	5	**3**	1	2	**8**	**4**	7
5	**6**	**9**	1	2	**7**	4	**3**	**8**
4	**2**	**1**	8	3	**6**	**9**	**7**	5
7	3	8	9	5	4	6	2	**1**

075

8	**2**	3	1	5	**6**	4	9	**7**
6	**4**	**5**	2	9	7	8	**1**	**3**
1	7	**9**	3	4	8	**6**	**2**	5
3	5	8	**6**	2	**9**	1	7	4
9	1	4	7	**8**	5	3	6	2
2	6	7	**4**	3	**1**	9	5	**8**
5	**9**	**1**	8	7	4	**2**	3	6
7	**8**	2	9	6	3	**5**	**4**	1
4	3	6	**5**	1	2	7	**8**	**9**

076

8	**4**	1	**6**	**3**	7	**9**	5	2
2	**7**	**9**	4	1	5	6	**8**	**3**
6	5	3	2	8	9	4	**7**	1
9	2	4	**3**	6	**8**	5	1	**7**
1	3	7	5	**4**	2	8	9	**6**
5	6	8	**9**	7	**1**	3	2	4
4	**8**	2	1	5	6	7	3	**9**
3	**1**	5	7	9	4	**2**	**6**	8
7	9	**6**	8	**2**	**3**	1	**4**	5

SUPER **SUDOKU**

077

9	8	**1**	**5**	**7**	**6**	4	2	3
6	3	2	9	**4**	1	5	8	7
5	4	**7**	**3**	8	2	**9**	6	**1**
2	1	6	4	9	3	**7**	5	**8**
7	**9**	4	8	6	5	1	**3**	**2**
3	5	**8**	1	2	7	6	9	**4**
4	2	**5**	7	3	**9**	**8**	1	6
8	6	9	2	**1**	4	3	7	5
1	7	3	**6**	**5**	**8**	**2**	4	9

078

3	6	4	8	5	9	2	**1**	**7**
8	2	5	**4**	7	**1**	9	3	6
9	7	**1**	**6**	3	**2**	**8**	5	4
2	**9**	**6**	3	4	8	**1**	**7**	5
4	8	7	5	1	6	3	2	9
1	**5**	**3**	2	9	7	**4**	**6**	8
7	1	**2**	**9**	6	**4**	**5**	8	3
6	3	9	**1**	8	**5**	7	4	**2**
5	**4**	8	7	2	3	6	9	**1**

079

4	7	**3**	**5**	6	**9**	**8**	1	2
1	9	6	3	**8**	**2**	**5**	4	7
8	**5**	2	4	1	7	9	**6**	3
9	4	**1**	7	3	**8**	6	2	**5**
5	2	7	6	**4**	1	3	9	**8**
6	3	8	**9**	2	5	**4**	7	1
2	**1**	5	8	9	4	7	**3**	6
3	8	**9**	**1**	**7**	6	2	5	**4**
7	6	**4**	**2**	5	**3**	**1**	8	9

080

8	9	7	**5**	4	**3**	2	**1**	**6**
3	4	5	2	1	6	**7**	**8**	9
2	6	1	7	9	8	**3**	4	**5**
6	2	3	**4**	**8**	5	9	**7**	1
1	7	8	**6**	3	**9**	4	5	2
9	**5**	4	1	**7**	**2**	6	3	**8**
7	3	**9**	8	2	1	5	6	**4**
4	**8**	**6**	9	5	7	1	2	3
5	**1**	2	**3**	6	**4**	8	9	7

SUPER **SUDOKU**

081

9	7	8	6	2	1	3	5	4
5	1	6	4	7	3	2	8	9
4	3	2	9	8	5	1	7	6
7	9	3	2	1	6	5	4	8
6	2	4	3	5	8	9	1	7
8	5	1	7	9	4	6	3	2
3	8	7	5	6	2	4	9	1
1	6	5	8	4	9	7	2	3
2	4	9	1	3	7	8	6	5

082

3	8	9	5	6	1	4	2	7
6	5	7	4	9	2	1	8	3
4	2	1	8	7	3	9	5	6
5	9	6	7	1	4	8	3	2
2	4	8	6	3	9	7	1	5
1	7	3	2	5	8	6	9	4
7	1	2	9	4	5	3	6	8
9	6	5	3	8	7	2	4	1
8	3	4	1	2	6	5	7	9

083

8	5	7	2	4	6	3	9	1
9	6	3	7	1	8	5	2	4
2	1	4	5	9	3	8	7	6
5	7	8	1	3	4	2	6	9
3	2	1	9	6	7	4	5	8
4	9	6	8	2	5	1	3	7
7	4	9	3	8	2	6	1	5
6	3	5	4	7	1	9	8	2
1	8	2	6	5	9	7	4	3

084

6	4	2	9	3	5	8	7	1
8	1	7	2	4	6	3	9	5
3	5	9	7	8	1	2	6	4
7	9	1	5	2	8	6	4	3
2	6	5	3	7	4	1	8	9
4	8	3	6	1	9	5	2	7
9	7	6	1	5	2	4	3	8
5	2	4	8	9	3	7	1	6
1	3	8	4	6	7	9	5	2

SUPER **SUDOKU**

085

9	1	**6**	7	3	2	8	5	4
2	**4**	5	**8**	**6**	9	7	3	1
8	3	**7**	4	**1**	5	2	**6**	9
3	**9**	2	6	8	**7**	**4**	1	**5**
5	8	4	3	9	1	6	7	**2**
7	6	**1**	**2**	5	4	3	**9**	8
1	**2**	3	5	**4**	6	**9**	8	7
4	5	8	9	**7**	**3**	1	**2**	**6**
6	7	9	1	2	8	**5**	4	3

086

3	**6**	1	5	2	8	**9**	**4**	**7**
7	2	8	9	**3**	4	5	6	**1**
5	4	9	7	6	**1**	2	3	8
6	1	**2**	**8**	7	**9**	3	5	4
9	**8**	3	4	**5**	6	7	**1**	2
4	5	7	**3**	1	**2**	**6**	8	9
2	7	6	**1**	8	5	4	9	**3**
1	3	4	6	**9**	7	8	2	**5**
8	**9**	**5**	2	4	3	1	**7**	**6**

087

8	**7**	5	6	**4**	2	9	3	1
3	4	2	**1**	9	7	**5**	8	6
1	6	9	8	3	5	**7**	**4**	**2**
2	5	7	4	1	**3**	8	**6**	**9**
6	3	4	2	**8**	9	1	7	5
9	**1**	8	**7**	5	6	3	2	**4**
4	**2**	**3**	5	7	1	6	9	8
5	9	**6**	3	2	**8**	4	1	7
7	8	1	9	**6**	4	2	**5**	**3**

088

6	1	**9**	**3**	7	4	**5**	**2**	8
5	2	8	1	9	6	4	7	3
4	3	**7**	**8**	2	5	**1**	9	**6**
1	4	2	5	**3**	8	**7**	6	**9**
7	9	6	**4**	1	**2**	8	3	5
8	5	**3**	7	**6**	9	2	4	1
2	8	**1**	6	4	**3**	**9**	5	**7**
9	6	5	2	8	7	3	1	**4**
3	**7**	**4**	9	5	**1**	**6**	8	2

SUPER **SUDOKU**

089

9	5	**1**	**3**	8	**7**	4	2	6
7	**8**	2	5	**6**	4	3	**9**	1
6	3	**4**	2	**1**	9	**5**	8	**7**
8	2	7	6	3	1	9	5	**4**
1	**6**	**3**	9	4	5	**8**	**7**	2
4	9	5	7	2	8	6	1	**3**
5	4	**6**	1	**9**	2	**7**	3	8
2	**7**	8	4	**5**	3	1	**6**	9
3	1	9	**8**	7	**6**	**2**	4	5

090

2	9	7	**3**	5	**1**	8	**6**	4
8	**6**	5	**2**	4	9	7	3	**1**
4	1	3	8	**6**	7	2	**9**	**5**
6	8	1	**9**	7	3	5	4	2
3	**5**	4	6	2	8	9	**1**	**7**
7	2	9	5	1	**4**	6	8	3
5	**3**	8	1	**9**	2	4	7	6
1	4	6	7	8	**5**	3	**2**	9
9	**7**	2	**4**	3	**6**	1	5	**8**

091

8	**5**	3	**4**	1	9	2	**7**	6
7	4	1	**2**	6	5	8	**9**	**3**
9	6	**2**	**7**	8	3	**1**	5	4
6	**1**	**9**	**5**	7	8	3	4	2
3	2	4	1	9	6	7	8	5
5	8	7	3	2	**4**	**6**	**1**	**9**
1	7	**6**	9	5	**2**	**4**	3	8
4	**9**	8	6	3	**7**	5	2	**1**
2	**3**	5	8	4	**1**	9	**6**	7

092

7	**2**	3	**6**	9	**8**	5	**1**	4
5	6	**4**	**3**	7	**1**	**8**	9	**2**
9	1	8	5	4	2	7	6	3
1	4	**2**	**9**	8	**5**	**3**	7	6
8	9	6	1	3	7	4	2	**5**
3	5	**7**	**2**	6	**4**	**9**	8	1
4	3	1	7	2	9	6	5	8
6	7	**5**	**8**	1	**3**	**2**	4	**9**
2	**8**	9	**4**	5	**6**	1	**3**	7

SUPER **SUDOKU**

093

5	8	**6**	**3**	4	1	**7**	9	2
9	**4**	**2**	8	6	7	1	**3**	5
7	3	1	**9**	5	2	4	**8**	**6**
8	7	5	**4**	2	**3**	**9**	6	**1**
2	9	4	5	1	6	3	7	8
6	1	**3**	**7**	8	**9**	2	5	4
3	**6**	8	2	7	**4**	5	1	**9**
4	**5**	9	1	3	8	**6**	**2**	7
1	2	**7**	6	9	**5**	**8**	4	3

094

8	**7**	**2**	4	**9**	1	5	3	**6**
3	6	5	7	8	**2**	4	**1**	9
4	9	**1**	**6**	5	3	7	8	2
9	4	**6**	**3**	1	**7**	2	**5**	8
7	2	3	8	6	5	1	9	**4**
5	**1**	8	**2**	4	**9**	**3**	6	7
6	3	7	1	2	**8**	**9**	4	**5**
1	**8**	9	**5**	7	4	6	2	**3**
2	5	4	9	**3**	6	**8**	**7**	1

095

9	8	6	4	3	**7**	**1**	2	**5**
3	**1**	7	5	**9**	2	4	**8**	6
4	2	5	**8**	1	6	9	3	7
6	9	3	**1**	5	**4**	**2**	7	8
2	**4**	1	7	6	8	5	**9**	3
7	5	**8**	**9**	2	**3**	6	1	**4**
1	6	9	3	7	**5**	8	4	**2**
5	**3**	4	2	**8**	9	7	**6**	1
8	7	**2**	**6**	4	1	3	5	**9**

096

7	3	1	9	8	2	4	6	**5**
2	4	**6**	**7**	3	**5**	**9**	1	8
8	**5**	9	**6**	4	**1**	7	**2**	3
5	**9**	**2**	4	6	7	**8**	**3**	1
4	7	8	2	1	3	6	5	**9**
1	**6**	**3**	5	9	8	**2**	**4**	7
3	**1**	7	**8**	2	**4**	5	**9**	6
9	2	**5**	**3**	7	**6**	**1**	8	4
6	8	4	1	5	9	3	7	**2**

SUPER **SUDOKU**

097

5	4	6	**8**	9	**7**	**2**	3	1
3	8	**7**	1	2	6	9	**4**	**5**
9	1	2	**3**	5	**4**	**8**	6	**7**
4	**5**	1	6	7	9	3	8	2
2	3	**9**	4	8	1	**7**	5	**6**
6	7	8	2	3	5	4	**1**	9
8	6	**5**	**7**	4	**2**	1	9	3
1	**2**	3	9	6	8	**5**	7	4
7	9	**4**	**5**	1	**3**	6	2	**8**

098

7	**3**	2	6	9	**4**	**1**	**5**	8
5	4	9	1	**2**	8	6	7	**3**
8	6	1	7	**5**	3	2	**9**	4
2	9	7	3	4	6	**5**	**8**	**1**
4	**1**	6	9	8	5	7	**3**	**2**
3	**5**	**8**	2	7	1	4	6	9
6	**2**	3	8	**1**	7	9	4	5
9	8	5	4	**6**	2	3	1	7
1	**7**	**4**	**5**	3	9	8	**2**	**6**

099

8	5	**4**	**1**	2	7	9	3	6
3	**2**	9	5	**6**	8	**4**	1	**7**
6	1	7	**3**	9	4	5	2	8
5	9	8	7	**1**	2	6	**4**	**3**
1	4	6	**8**	5	**3**	2	7	**9**
7	**3**	2	6	**4**	9	1	8	5
9	8	1	2	3	**5**	7	6	4
2	7	**5**	4	**8**	6	3	**9**	**1**
4	6	3	9	7	**1**	**8**	5	**2**

100

6	2	**8**	**7**	**5**	3	9	1	4
1	**3**	4	9	**8**	2	7	**6**	5
5	7	**9**	1	6	**4**	**8**	2	**3**
9	6	**1**	8	2	5	3	4	**7**
2	**4**	3	6	9	7	5	**8**	**1**
8	5	7	3	4	1	**6**	9	2
7	1	**6**	**2**	3	8	**4**	5	9
4	**8**	2	5	**7**	9	1	**3**	6
3	9	5	4	**1**	**6**	**2**	7	8

SUPER **SUDOKU**

101

2	1	**9**	4	6	**3**	**7**	5	8
3	**8**	5	**1**	2	**7**	6	**9**	4
7	6	4	5	8	**9**	1	2	**3**
9	**5**	**8**	7	1	4	3	**6**	2
1	3	2	8	9	6	5	4	7
6	**4**	7	3	5	2	**8**	**1**	**9**
5	9	6	**2**	3	8	4	7	**1**
4	**2**	3	**6**	7	**1**	9	**8**	5
8	7	**1**	**9**	4	5	**2**	3	6

102

1	8	**3**	9	6	**4**	2	**5**	7
2	4	7	5	**3**	8	9	1	**6**
6	9	5	**1**	2	7	8	4	3
4	7	**6**	**8**	9	**1**	3	2	**5**
3	**5**	8	4	**7**	2	6	**9**	1
9	2	1	**6**	5	**3**	**7**	8	4
8	3	4	2	1	**6**	5	7	**9**
7	1	9	3	**8**	5	4	6	2
5	**6**	2	**7**	4	9	**1**	3	**8**

103

1	**4**	**5**	**9**	7	6	8	**2**	3
8	6	2	**5**	3	1	7	9	**4**
9	3	7	8	4	2	**6**	5	1
4	2	3	**6**	**8**	9	**1**	7	5
5	9	1	7	**2**	4	3	6	**8**
7	8	**6**	3	**1**	**5**	9	4	**2**
2	5	**9**	1	6	3	4	8	7
3	7	4	2	9	**8**	5	1	6
6	**1**	8	4	5	**7**	**2**	**3**	**9**

104

4	**5**	7	2	9	6	3	**1**	**8**
6	1	8	5	7	**3**	2	4	**9**
9	2	**3**	**8**	4	1	**5**	6	7
7	**6**	1	**3**	2	**5**	**9**	8	4
5	4	2	9	8	7	6	3	1
8	3	**9**	**1**	6	**4**	7	**2**	5
3	7	**6**	4	1	**9**	**8**	5	2
1	8	5	**7**	3	2	4	9	**6**
2	**9**	4	6	5	8	1	**7**	**3**

PREMIER **SOLUTION**

SUPER **SUDOKU**

105

8	6	**1**	3	**7**	4	9	2	5
7	**2**	4	**5**	9	**8**	3	1	6
3	5	9	1	2	6	4	**7**	8
1	7	8	**6**	3	5	2	4	**9**
5	9	**3**	7	**4**	2	**8**	6	**1**
2	4	6	8	1	**9**	7	5	**3**
9	**3**	7	4	5	1	6	8	2
6	1	2	**9**	8	**7**	5	**3**	**4**
4	8	5	2	**6**	3	**1**	9	**7**

106

9	8	**6**	**2**	5	**1**	7	**3**	4
3	5	2	7	**8**	4	**6**	1	9
1	**4**	7	**9**	6	3	8	5	**2**
6	9	5	1	4	2	**3**	8	**7**
8	**2**	3	6	7	5	4	**9**	1
7	1	**4**	8	3	9	2	6	**5**
2	3	1	4	9	**8**	5	**7**	6
5	6	**9**	3	**2**	7	1	4	**8**
4	**7**	8	**5**	1	**6**	**9**	2	3

107

3	**8**	4	7	**6**	2	**5**	9	**1**
1	5	6	4	**8**	**9**	7	3	**2**
7	9	2	**3**	5	1	6	8	**4**
6	**2**	**5**	1	7	3	9	4	8
9	4	3	5	2	8	1	7	**6**
8	1	7	9	4	6	**3**	**2**	**5**
5	3	8	2	1	**7**	4	6	9
4	6	9	**8**	**3**	5	2	1	7
2	7	**1**	6	**9**	4	8	**5**	3

108

4	**6**	3	1	**2**	7	5	9	**8**
5	9	7	3	4	8	1	2	**6**
1	8	**2**	**9**	5	**6**	**3**	7	4
7	1	**8**	**4**	3	**5**	**9**	6	2
3	2	4	6	1	9	8	5	**7**
6	5	**9**	**7**	8	**2**	**4**	3	1
2	3	**5**	**8**	6	**4**	**7**	1	9
8	7	1	2	9	3	6	4	5
9	4	6	5	**7**	1	2	**8**	**3**

SUPER **SUDOKU**

109

7	9	2	**4**	6	**3**	5	**8**	1
5	4	1	9	**8**	2	**6**	7	3
8	**3**	6	**7**	5	**1**	9	2	4
6	2	**9**	3	1	4	**8**	5	**7**
3	**5**	7	2	9	8	4	**1**	6
4	1	**8**	6	7	5	**2**	3	**9**
1	7	5	**8**	4	**6**	3	**9**	2
9	6	**3**	5	**2**	7	1	4	**8**
2	**8**	4	**1**	3	**9**	7	6	5

110

5	3	9	7	**4**	8	1	2	**6**
8	4	6	2	3	1	9	5	7
2	7	**1**	5	6	9	**3**	4	**8**
1	**6**	4	**9**	2	**5**	7	**8**	**3**
9	2	3	**4**	8	**7**	6	1	5
7	**8**	5	**6**	1	**3**	2	**9**	**4**
3	9	**7**	8	5	2	**4**	6	**1**
6	5	2	1	7	4	8	3	9
4	1	8	3	**9**	6	5	7	**2**

111

9	5	4	**6**	2	1	**8**	7	3
2	**1**	6	7	3	8	4	**9**	5
7	8	3	**9**	4	5	**6**	2	1
8	4	**2**	**5**	6	9	**3**	**1**	7
5	9	**1**	8	**7**	3	**2**	6	4
3	**6**	**7**	4	1	**2**	**5**	8	9
4	3	**8**	2	9	**7**	1	5	6
1	**2**	9	3	5	6	7	**4**	8
6	7	**5**	1	8	**4**	9	3	**2**

112

7	**6**	3	**5**	1	**2**	**9**	4	**8**
5	8	1	7	**4**	9	6	2	**3**
2	9	4	**6**	8	3	5	7	1
8	5	6	2	9	7	**1**	3	**4**
1	**3**	9	8	**6**	4	7	**5**	2
4	2	**7**	3	5	1	8	6	**9**
3	7	8	1	2	**6**	4	9	**5**
9	1	2	4	**7**	5	3	8	6
6	4	**5**	**9**	3	**8**	2	**1**	**7**

PREMIER **SOLUTION**

SUPER **SUDOKU**

113

7	**8**	**6**	9	3	2	4	5	1
1	9	3	7	**4**	**5**	8	2	**6**
4	5	2	6	**1**	**8**	3	9	**7**
3	**6**	**1**	**2**	8	**9**	5	7	4
5	**7**	**4**	1	6	3	**2**	**8**	9
9	2	8	**5**	7	**4**	**1**	**6**	3
8	3	7	**4**	**5**	6	9	1	2
2	1	5	**3**	**9**	7	6	4	8
6	4	9	8	2	1	**7**	**3**	5

114

2	6	5	3	4	**9**	7	**8**	1
9	8	3	7	**6**	1	**5**	2	**4**
7	1	4	**5**	8	2	9	**6**	3
5	7	6	**4**	3	8	2	1	9
8	4	**9**	**1**	2	**7**	**6**	3	**5**
1	3	2	6	9	**5**	4	7	8
3	**9**	8	2	5	**6**	1	4	**7**
4	2	**1**	9	**7**	3	8	5	6
6	**5**	7	**8**	1	4	3	9	**2**

115

4	8	**5**	**6**	**3**	**9**	**7**	2	1
6	**9**	3	2	7	1	4	**8**	5
2	**1**	7	4	8	5	3	**6**	9
5	2	6	7	**4**	3	1	9	**8**
8	7	9	**1**	5	**2**	6	3	4
3	4	1	8	**9**	6	2	5	**7**
9	**6**	4	3	1	8	5	**7**	2
1	**5**	2	9	6	7	8	**4**	3
7	3	**8**	**5**	**2**	**4**	**9**	1	6

116

2	9	**6**	**3**	4	**5**	1	8	**7**
1	7	5	8	6	**9**	4	3	2
8	4	**3**	7	**1**	2	**9**	5	6
6	8	7	4	3	1	5	**2**	**9**
9	3	**2**	5	7	8	**6**	4	1
4	**5**	1	2	9	6	8	7	**3**
3	6	**8**	9	**5**	7	**2**	1	**4**
5	1	4	**6**	2	3	7	9	8
7	2	9	**1**	8	**4**	**3**	6	**5**

SUPER **SUDOKU**

117

4	5	8	9	2	7	**1**	6	3
6	**7**	**2**	3	8	1	5	**9**	4
1	3	**9**	**5**	**4**	6	**2**	**7**	8
8	1	3	**2**	7	**4**	**6**	5	9
5	2	**4**	6	**9**	3	**8**	1	7
7	9	**6**	**8**	1	**5**	3	4	2
2	**8**	**5**	4	**6**	**9**	**7**	3	**1**
9	**6**	1	7	3	8	**4**	**2**	5
3	4	**7**	1	5	2	9	8	6

118

8	2	**6**	1	**4**	**3**	5	**7**	9
3	**7**	1	9	6	**5**	4	**8**	2
4	9	5	7	2	8	6	3	**1**
5	**6**	9	**3**	1	**4**	7	2	8
2	3	4	5	**8**	7	1	9	**6**
1	8	7	**6**	9	**2**	3	**5**	**4**
9	1	3	8	5	6	2	4	7
6	**5**	2	**4**	7	9	8	**1**	**3**
7	**4**	8	**2**	**3**	1	**9**	6	5

119

4	9	**8**	**5**	6	2	7	**1**	**3**
3	5	7	9	4	**1**	8	2	6
2	1	**6**	3	8	7	**5**	9	**4**
1	**4**	9	**8**	2	**3**	6	7	**5**
7	3	2	4	**5**	6	1	8	9
6	8	5	**1**	7	**9**	3	**4**	2
9	6	**1**	7	3	4	**2**	5	8
5	2	4	**6**	1	8	9	3	**7**
8	**7**	3	2	9	**5**	**4**	6	**1**

120

1	**6**	2	**4**	8	**9**	3	7	5
4	**3**	8	**6**	5	7	2	9	1
9	7	**5**	1	2	3	**8**	4	6
3	**4**	9	**8**	6	5	1	2	**7**
5	8	1	7	**9**	2	6	3	4
7	2	6	3	4	**1**	5	**8**	**9**
8	9	**3**	5	1	4	**7**	6	2
2	1	7	9	3	**6**	4	**5**	**8**
6	5	4	**2**	7	**8**	9	**1**	3

SUPER **SUDOKU**

121

5	4	6	9	8	3	2	1	7
7	3	8	4	2	1	5	6	9
9	2	1	5	6	7	3	8	4
3	7	2	8	4	9	6	5	1
8	1	9	3	5	6	4	7	2
4	6	5	1	7	2	9	3	8
1	8	3	2	9	5	7	4	6
2	5	7	6	1	4	8	9	3
6	9	4	7	3	8	1	2	5

122

6	9	3	7	4	1	8	5	2
1	2	4	3	5	8	7	9	6
5	7	8	2	6	9	3	1	4
3	6	5	8	9	2	4	7	1
7	4	1	6	3	5	9	2	8
9	8	2	4	1	7	6	3	5
4	1	6	5	7	3	2	8	9
8	3	9	1	2	4	5	6	7
2	5	7	9	8	6	1	4	3

123

5	3	7	1	2	6	8	9	4
1	4	9	5	7	8	6	2	3
2	8	6	9	3	4	5	7	1
4	7	2	8	5	3	1	6	9
9	6	5	2	4	1	7	3	8
8	1	3	6	9	7	2	4	5
3	5	8	7	6	9	4	1	2
7	9	1	4	8	2	3	5	6
6	2	4	3	1	5	9	8	7

124

1	3	4	5	2	7	9	6	8
5	9	8	3	4	6	1	7	2
6	2	7	8	1	9	4	3	5
2	4	3	9	6	1	5	8	7
9	6	1	7	5	8	3	2	4
7	8	5	4	3	2	6	1	9
3	7	9	1	8	4	2	5	6
4	1	2	6	7	5	8	9	3
8	5	6	2	9	3	7	4	1

SUPER **SUDOKU**

125

8	9	2	**4**	3	**6**	**7**	5	1
5	3	**7**	8	**9**	1	**6**	4	2
4	**1**	6	5	7	**2**	9	**8**	3
3	4	**5**	1	8	9	2	7	**6**
6	**8**	9	7	2	5	1	**3**	4
2	7	1	6	4	3	**5**	9	**8**
9	**6**	3	**2**	5	4	8	**1**	**7**
1	5	**8**	3	**6**	7	**4**	2	9
7	2	**4**	**9**	1	**8**	3	6	5

126

3	1	**9**	**7**	4	**5**	**8**	2	**6**
4	7	5	2	**6**	8	9	3	1
2	6	8	**9**	1	**3**	7	5	4
9	2	6	4	**8**	7	3	1	**5**
8	5	**3**	**1**	2	**9**	**4**	6	7
7	4	1	5	**3**	6	2	9	**8**
1	3	7	**8**	5	**2**	6	4	9
6	9	4	3	**7**	1	5	8	2
5	8	**2**	**6**	9	**4**	**1**	7	**3**

127

9	5	**7**	4	**6**	1	**2**	8	3
1	2	4	3	**8**	**7**	5	9	6
8	6	3	2	5	**9**	4	7	**1**
6	**4**	**5**	8	9	3	7	1	2
7	**8**	2	5	**1**	6	9	**3**	**4**
3	9	1	7	4	2	**8**	**6**	5
4	3	9	**1**	7	5	6	2	**8**
2	7	8	**6**	**3**	4	1	5	9
5	1	**6**	9	**2**	8	**3**	4	7

128

3	2	**8**	**4**	9	6	7	5	**1**
6	4	**1**	2	**7**	**5**	9	3	8
7	**9**	5	1	**3**	8	**2**	4	6
5	7	2	8	1	**4**	3	**6**	9
8	**1**	**6**	3	2	9	**5**	**7**	4
4	**3**	9	**5**	6	7	1	8	**2**
9	5	**4**	7	**8**	1	6	**2**	**3**
2	6	7	**9**	**4**	3	**8**	1	5
1	8	3	6	5	**2**	**4**	9	7

PREMIER **SOLUTION**

SUPER **SUDOKU**

129

8	1	2	7	9	6	3	4	5
4	7	3	8	1	5	9	2	6
9	5	6	4	2	3	1	7	8
5	9	4	6	8	2	7	3	1
7	3	1	5	4	9	8	6	2
2	6	8	1	3	7	4	5	9
6	4	7	9	5	1	2	8	3
1	2	5	3	7	8	6	9	4
3	8	9	2	6	4	5	1	7

130

3	1	4	6	7	9	5	8	2
8	2	9	1	4	5	7	6	3
6	5	7	2	8	3	1	4	9
2	7	5	8	3	6	4	9	1
4	8	1	5	9	2	3	7	6
9	3	6	4	1	7	8	2	5
7	6	3	9	5	4	2	1	8
5	9	8	7	2	1	6	3	4
1	4	2	3	6	8	9	5	7

131

3	1	8	5	4	9	7	2	6
4	7	9	2	8	6	5	3	1
6	2	5	1	3	7	8	9	4
5	9	1	6	2	8	4	7	3
8	6	3	4	7	1	9	5	2
7	4	2	3	9	5	1	6	8
2	3	7	8	5	4	6	1	9
9	8	6	7	1	2	3	4	5
1	5	4	9	6	3	2	8	7

132

8	5	4	6	9	3	2	1	7
1	2	9	5	7	4	6	8	3
7	6	3	1	8	2	9	4	5
3	4	6	9	1	5	7	2	8
2	7	1	3	6	8	5	9	4
9	8	5	2	4	7	3	6	1
6	9	7	8	3	1	4	5	2
5	3	8	4	2	9	1	7	6
4	1	2	7	5	6	8	3	9

SUPER **SUDOKU**

133

9	1	**5**	7	**8**	4	6	**3**	**2**
6	8	**2**	3	**9**	1	7	4	**5**
7	3	**4**	6	2	**5**	9	1	**8**
3	**7**	**8**	4	6	9	2	5	1
4	2	1	8	5	7	3	9	6
5	9	6	1	3	2	**4**	**8**	**7**
1	5	9	**2**	4	6	**8**	7	**3**
2	4	3	5	**7**	8	**1**	6	**9**
8	**6**	7	9	**1**	3	**5**	2	4

134

5	3	8	**1**	9	6	2	4	**7**
2	**9**	**7**	**4**	5	**3**	8	**1**	6
1	**6**	4	2	7	8	**3**	5	9
6	**5**	3	7	**1**	2	9	**8**	4
7	4	1	**5**	8	**9**	6	3	2
8	**2**	9	6	**3**	4	5	**7**	**1**
4	8	**5**	9	6	1	7	**2**	3
3	**1**	6	**8**	2	**7**	**4**	**9**	5
9	7	2	3	4	**5**	1	6	8

135

8	7	2	**9**	1	6	**3**	5	**4**
3	5	**6**	8	4	**2**	9	**7**	1
1	**4**	9	5	3	7	**8**	6	**2**
7	1	4	**3**	8	**9**	5	**2**	6
6	8	5	1	**2**	4	7	3	9
2	**9**	3	**7**	6	**5**	4	1	**8**
9	2	**7**	6	5	8	1	**4**	3
4	**3**	8	**2**	7	1	**6**	9	5
5	6	**1**	4	9	**3**	2	8	**7**

136

4	8	**9**	2	**1**	7	6	5	3
1	**2**	5	**9**	6	**3**	7	8	4
6	7	3	4	5	**8**	2	1	9
2	**1**	7	5	3	**9**	**4**	**6**	8
5	3	4	6	**8**	1	9	7	**2**
8	**9**	**6**	**7**	4	2	1	**3**	5
7	6	8	**3**	9	4	5	2	**1**
9	5	1	**8**	2	**6**	3	**4**	7
3	4	2	1	**7**	5	**8**	9	**6**

SUPER **SUDOKU**

137

9	3	2	7	4	**6**	**5**	8	**1**
8	7	1	9	2	5	**6**	**4**	3
6	**4**	5	8	3	**1**	2	**7**	9
4	**8**	**3**	6	7	2	1	9	5
2	1	**9**	3	5	4	**7**	6	8
5	6	7	1	8	9	**3**	**2**	**4**
7	**5**	8	**2**	9	3	4	**1**	6
1	**9**	**4**	5	6	7	8	3	**2**
3	2	**6**	**4**	1	8	9	5	7

138

4	1	**2**	9	**7**	5	**6**	**8**	3
6	7	8	2	4	**3**	5	1	9
3	9	**5**	6	1	8	**2**	7	**4**
1	**6**	7	4	**2**	9	8	3	5
8	3	9	**7**	5	**1**	4	2	**6**
5	2	4	3	**8**	6	1	**9**	7
7	8	**6**	1	3	4	**9**	5	**2**
9	5	3	**8**	6	2	7	4	**1**
2	**4**	**1**	5	**9**	7	**3**	6	8

139

7	**3**	6	**5**	9	8	**4**	2	1
5	4	**8**	6	**1**	2	9	3	**7**
9	1	2	4	7	**3**	6	**8**	5
6	8	**3**	7	**2**	5	1	4	**9**
1	**9**	5	**3**	**6**	**4**	8	**7**	2
4	2	7	9	**8**	1	**5**	6	3
8	**6**	9	**2**	5	7	3	1	**4**
2	5	4	1	**3**	6	**7**	9	8
3	7	**1**	8	4	**9**	2	**5**	6

140

6	4	**3**	8	9	**7**	**2**	**5**	1
8	7	**2**	1	3	**5**	9	4	6
5	1	9	4	6	2	8	**3**	**7**
2	**6**	1	**5**	7	**8**	3	9	4
4	5	7	3	**1**	9	6	8	2
9	3	8	**2**	4	**6**	7	**1**	**5**
3	**9**	6	7	5	1	4	2	**8**
1	8	4	**6**	2	3	**5**	7	**9**
7	**2**	**5**	**9**	8	4	**1**	6	3

SUPER **SUDOKU**

141

5	8	7	2	3	9	1	4	6
9	3	2	6	4	1	5	8	7
6	1	4	7	8	5	3	9	2
2	5	8	9	1	3	6	7	4
7	4	1	8	6	2	9	5	3
3	6	9	5	7	4	8	2	1
4	7	5	1	9	6	2	3	8
8	2	6	3	5	7	4	1	9
1	9	3	4	2	8	7	6	5

142

1	5	8	2	9	4	3	7	6
4	9	6	5	7	3	2	8	1
3	7	2	8	1	6	9	5	4
6	1	3	9	5	7	4	2	8
8	2	5	4	6	1	7	9	3
9	4	7	3	2	8	6	1	5
7	3	1	6	8	9	5	4	2
5	8	4	7	3	2	1	6	9
2	6	9	1	4	5	8	3	7

143

6	5	7	9	1	3	4	2	8
9	3	1	2	8	4	6	5	7
4	8	2	7	5	6	3	9	1
5	6	8	3	9	2	7	1	4
7	1	9	8	4	5	2	3	6
2	4	3	6	7	1	5	8	9
8	7	4	5	3	9	1	6	2
1	2	5	4	6	8	9	7	3
3	9	6	1	2	7	8	4	5

144

4	8	3	1	5	7	9	2	6
2	1	5	8	9	6	7	4	3
6	9	7	3	4	2	1	8	5
8	2	4	7	6	9	5	3	1
7	5	1	4	8	3	6	9	2
9	3	6	2	1	5	4	7	8
1	7	2	5	3	4	8	6	9
3	6	8	9	7	1	2	5	4
5	4	9	6	2	8	3	1	7

SUPER **SUDOKU**

145

6	4	**3**	**2**	7	1	**5**	8	**9**
1	2	9	4	5	**8**	7	3	6
7	5	**8**	3	6	**9**	**4**	1	**2**
3	**9**	**5**	8	2	4	1	6	**7**
4	8	1	7	**3**	6	9	2	5
2	7	6	9	1	5	**8**	**4**	3
9	1	**2**	**5**	8	3	**6**	7	**4**
8	3	4	**6**	9	7	2	5	1
5	6	**7**	1	4	**2**	**3**	9	**8**

146

7	4	**1**	**5**	8	2	**9**	6	3
3	5	8	7	**9**	**6**	**4**	1	2
2	**6**	9	1	**4**	3	7	5	**8**
5	**9**	6	4	1	8	3	2	**7**
1	**3**	**4**	9	2	7	**6**	**8**	5
8	2	7	3	6	5	1	**9**	4
6	7	5	8	**3**	9	2	**4**	**1**
4	8	**2**	**6**	**7**	1	5	3	9
9	1	**3**	2	5	**4**	**8**	7	6

147

6	**4**	9	5	**1**	2	7	**8**	**3**
1	3	5	**4**	**7**	8	2	9	**6**
2	8	7	**9**	3	6	4	1	5
9	5	4	6	2	7	**1**	**3**	8
8	**1**	2	3	**4**	9	5	**6**	**7**
7	**6**	**3**	8	5	1	9	4	2
4	2	1	7	8	**3**	6	5	9
5	9	8	2	**6**	**4**	3	7	**1**
3	**7**	6	1	**9**	5	8	**2**	**4**

148

4	**8**	3	6	**7**	9	2	1	**5**
9	5	6	4	2	**1**	8	7	**3**
2	1	7	5	3	**8**	9	**4**	6
5	**3**	2	9	**6**	7	**4**	8	**1**
8	6	9	1	**4**	2	5	3	7
7	4	**1**	3	**8**	5	6	**9**	**2**
1	**9**	4	**7**	5	6	3	2	**8**
3	2	5	**8**	1	4	7	6	**9**
6	7	8	2	**9**	3	1	**5**	4

SUPER **SUDOKU**

149

5	**1**	4	3	**7**	2	8	**9**	6
3	6	8	1	4	9	7	2	5
9	7	2	**6**	5	**8**	3	1	**4**
4	5	3	2	**8**	1	9	6	**7**
8	2	**1**	**9**	6	**7**	**5**	4	**3**
7	9	6	4	**3**	5	2	8	**1**
1	8	7	**5**	9	**4**	6	3	**2**
6	4	9	7	2	3	1	5	8
2	**3**	5	8	**1**	6	4	**7**	9

150

1	**2**	7	**4**	**6**	8	**3**	9	5
5	8	**3**	**2**	1	9	4	6	**7**
4	9	6	3	**5**	7	1	**2**	8
7	6	4	8	9	5	2	**1**	**3**
8	1	**5**	6	2	3	**9**	7	**4**
9	**3**	2	7	4	1	8	5	6
6	**5**	8	9	**3**	2	7	4	**1**
2	7	1	5	8	**4**	**6**	3	9
3	4	**9**	1	**7**	**6**	5	**8**	2

151

4	2	5	**9**	3	**8**	1	**6**	**7**
8	1	9	7	2	**6**	5	4	3
7	**6**	3	4	**1**	5	2	**8**	**9**
2	**4**	7	6	**5**	9	8	**3**	1
1	**5**	8	2	4	3	9	**7**	**6**
3	**9**	6	1	**8**	7	4	**2**	5
9	**7**	4	8	**6**	1	3	**5**	**2**
6	3	2	**5**	9	4	7	1	8
5	**8**	1	**3**	7	**2**	6	9	4

152

1	8	**6**	**2**	7	5	**4**	3	9
2	3	4	8	6	**9**	5	**7**	1
9	7	5	4	**1**	3	**6**	2	**8**
7	4	9	**5**	2	**8**	3	**1**	6
6	2	**8**	3	**4**	1	**7**	9	5
5	**1**	3	**6**	9	**7**	8	4	**2**
8	6	**7**	9	**3**	2	1	5	**4**
3	**5**	2	**1**	8	4	9	6	7
4	9	**1**	7	5	**6**	**2**	8	3

SUPER **SUDOKU**

153

5	8	2	**6**	**9**	1	4	7	**3**
1	9	**7**	4	5	**3**	6	2	8
3	4	**6**	2	**7**	8	**1**	**5**	9
7	**3**	1	8	2	9	5	6	**4**
4	2	**8**	5	1	6	**9**	3	**7**
9	6	5	3	4	7	8	**1**	2
6	**5**	**9**	7	**8**	2	**3**	4	1
8	7	4	**1**	3	5	**2**	9	6
2	1	3	9	**6**	**4**	7	8	**5**

154

1	3	**9**	2	7	**5**	4	**6**	8
2	**6**	4	3	9	8	**7**	1	5
5	8	7	6	**4**	**1**	**3**	2	9
4	2	1	**9**	**5**	**7**	8	3	6
3	**5**	8	4	1	6	2	**9**	7
9	7	6	**8**	**3**	**2**	1	5	**4**
6	4	**3**	**1**	**8**	9	5	7	2
7	1	**2**	5	6	4	9	**8**	3
8	**9**	5	**7**	2	3	**6**	4	1

155

9	7	2	1	**4**	8	3	5	6
3	**1**	**5**	7	6	**9**	2	**8**	4
8	6	**4**	**2**	5	**3**	**7**	**9**	1
7	**3**	**9**	6	1	4	**8**	2	5
4	8	6	5	**3**	2	1	7	**9**
5	2	**1**	9	8	7	**4**	**6**	3
6	**9**	**7**	**4**	2	**1**	**5**	3	8
1	**5**	3	**8**	7	6	**9**	**4**	2
2	4	8	3	**9**	5	6	1	7

156

6	**1**	9	2	4	**5**	**7**	3	**8**
8	5	3	**6**	1	7	**4**	2	**9**
2	**7**	4	9	**3**	8	1	5	6
3	6	2	5	7	4	8	**9**	1
7	9	**5**	1	**8**	6	**2**	4	3
1	**4**	8	3	9	2	6	7	**5**
4	3	7	8	**5**	1	9	**6**	**2**
5	8	**6**	7	2	**9**	3	1	4
9	2	**1**	**4**	6	3	5	**8**	**7**

SUPER **SUDOKU**

157

4	3	5	9	8	1	6	7	2
7	9	1	3	2	6	4	8	5
8	2	6	4	7	5	3	1	9
5	1	4	6	3	9	8	2	7
9	8	3	2	4	7	5	6	1
6	7	2	1	5	8	9	4	3
2	6	9	5	1	4	7	3	8
1	4	8	7	9	3	2	5	6
3	5	7	8	6	2	1	9	4

158

9	4	3	5	8	1	2	6	7
1	8	7	9	2	6	5	3	4
6	5	2	4	7	3	1	8	9
2	3	8	6	4	5	9	7	1
5	1	4	7	3	9	6	2	8
7	6	9	8	1	2	4	5	3
4	9	6	3	5	7	8	1	2
8	7	1	2	6	4	3	9	5
3	2	5	1	9	8	7	4	6

159

2	3	8	7	5	4	9	1	6
9	7	1	8	3	6	4	5	2
5	6	4	2	9	1	7	8	3
4	8	2	1	7	9	6	3	5
3	9	5	6	8	2	1	4	7
7	1	6	3	4	5	2	9	8
6	4	3	9	2	8	5	7	1
8	2	9	5	1	7	3	6	4
1	5	7	4	6	3	8	2	9

160

8	2	1	3	7	5	9	4	6
7	3	6	9	8	4	1	5	2
4	5	9	2	1	6	7	3	8
2	8	4	7	6	9	3	1	5
1	7	3	5	2	8	6	9	4
6	9	5	4	3	1	2	8	7
9	1	8	6	5	7	4	2	3
5	6	2	1	4	3	8	7	9
3	4	7	8	9	2	5	6	1

SUPER **SUDOKU**

161

4	3	9	**8**	6	**5**	2	1	**7**
6	1	2	7	**3**	9	5	8	**4**
5	7	8	**1**	4	**2**	3	6	9
9	**8**	3	5	1	4	7	**2**	6
7	4	**1**	**3**	2	**6**	**9**	5	**8**
2	**5**	6	9	7	8	4	**3**	1
3	6	7	**2**	9	**1**	8	4	5
1	9	5	4	**8**	3	6	7	**2**
8	2	4	**6**	5	**7**	1	9	**3**

162

1	3	4	9	**2**	8	6	5	7
6	5	2	**3**	4	**7**	**1**	8	9
7	**9**	8	5	1	**6**	**2**	3	**4**
5	8	9	7	6	3	**4**	1	**2**
2	**1**	**6**	4	5	9	**8**	**7**	**3**
3	4	**7**	1	8	2	9	6	5
8	2	**5**	**6**	7	4	3	**9**	1
4	7	**3**	**8**	9	**1**	5	2	**6**
9	6	1	2	**3**	5	7	4	8

163

8	6	9	4	1	2	**7**	**3**	5
2	3	5	**8**	6	7	1	**9**	4
7	4	1	**3**	5	**9**	**6**	8	2
3	7	8	6	4	**5**	2	1	**9**
1	9	**2**	7	**8**	3	**4**	5	6
6	5	4	**2**	9	1	3	7	**8**
4	8	**3**	**9**	7	**6**	5	2	**1**
9	**1**	7	5	2	**4**	8	6	3
5	**2**	**6**	1	3	8	9	4	7

164

2	**7**	**5**	9	1	**8**	**4**	**3**	6
3	4	9	**2**	5	6	1	7	**8**
6	8	1	3	**7**	4	5	9	**2**
1	9	2	7	3	5	8	**6**	4
5	6	**8**	4	2	9	**7**	1	3
7	**3**	4	8	6	1	2	5	**9**
8	1	6	5	**9**	2	3	4	**7**
9	2	7	1	4	**3**	6	8	**5**
4	**5**	**3**	**6**	8	7	**9**	**2**	1

SUPER **SUDOKU**

165

7	2	6	**9**	8	5	**3**	1	**4**
3	**5**	8	7	1	4	9	**2**	6
1	4	**9**	**6**	2	3	**5**	7	8
2	9	5	**8**	6	**1**	**7**	4	**3**
6	3	7	5	**4**	9	1	8	2
8	1	**4**	**3**	7	**2**	6	9	5
5	7	**1**	2	3	**8**	**4**	6	**9**
4	**8**	3	1	9	6	2	**5**	7
9	6	**2**	4	5	**7**	8	3	**1**

166

9	**8**	2	3	**1**	5	**6**	7	**4**
4	6	**1**	2	7	**9**	8	5	**3**
3	7	5	8	**6**	4	9	**2**	1
7	**2**	3	6	4	8	1	9	5
1	5	**6**	9	**3**	7	**2**	4	**8**
8	9	4	1	5	2	7	**3**	6
5	**3**	9	7	**8**	1	4	6	**2**
6	1	7	**4**	2	3	**5**	8	9
2	4	**8**	5	**9**	6	3	**1**	**7**

167

5	8	**4**	6	**2**	1	9	3	**7**
3	2	6	**7**	8	9	4	5	1
7	9	1	**4**	**5**	**3**	2	6	**8**
1	5	**2**	8	9	6	**7**	**4**	3
4	3	**9**	1	7	2	**5**	8	**6**
8	**6**	**7**	3	4	5	**1**	9	2
2	4	3	**9**	**1**	**8**	6	7	5
6	7	5	2	3	**4**	8	1	9
9	1	8	5	**6**	7	**3**	2	**4**

168

4	5	**8**	**9**	7	6	**1**	3	2
3	6	9	1	**2**	**4**	8	7	5
2	7	1	5	8	**3**	6	**9**	**4**
7	**2**	5	6	9	1	4	**8**	3
9	4	3	8	**5**	7	2	1	**6**
8	**1**	6	4	3	2	9	**5**	**7**
1	**8**	2	**3**	6	5	7	4	9
5	9	7	**2**	**4**	8	3	6	**1**
6	3	**4**	7	1	**9**	**5**	2	8

SUPER **SUDOKU**

169

4	8	9	7	1	**3**	6	2	**5**
3	**2**	1	6	8	**5**	**7**	**9**	4
5	**6**	7	**4**	9	2	1	8	3
1	**9**	5	**3**	2	**4**	**8**	7	6
2	3	8	1	**6**	7	4	5	9
6	7	**4**	**9**	5	**8**	2	**3**	**1**
8	1	6	2	3	**9**	5	**4**	7
9	**4**	**2**	**5**	7	6	3	**1**	8
7	5	3	**8**	4	1	9	6	**2**

170

3	7	**8**	**2**	1	4	**6**	9	**5**
1	4	6	3	5	**9**	2	8	7
2	**5**	9	7	6	8	4	**3**	1
7	3	5	1	**4**	2	**8**	6	9
9	2	4	**5**	8	**6**	1	7	**3**
8	6	**1**	9	**7**	3	5	4	2
4	**1**	3	6	9	5	7	**2**	**8**
5	8	2	**4**	3	7	9	1	6
6	9	**7**	8	2	**1**	**3**	5	**4**

171

6	8	4	3	5	**7**	9	1	2
9	1	2	**4**	8	**6**	**3**	7	5
3	5	**7**	1	2	9	**4**	6	**8**
5	**2**	3	7	**9**	4	6	**8**	1
1	9	**8**	2	6	5	**7**	4	**3**
7	**4**	6	8	**3**	1	5	**2**	9
8	6	**1**	9	7	3	**2**	5	4
4	3	**5**	**6**	1	**2**	8	9	**7**
2	7	9	**5**	4	8	1	3	**6**

172

5	3	**9**	8	**2**	**4**	6	1	7
7	4	6	1	9	**5**	**2**	3	8
2	**1**	8	**7**	**3**	6	4	9	**5**
3	**8**	4	2	7	1	**5**	6	9
1	7	**5**	6	**8**	9	**3**	4	**2**
9	6	**2**	5	4	3	7	**8**	**1**
4	9	1	3	**5**	**7**	8	**2**	6
6	2	**7**	**4**	1	8	9	5	3
8	5	3	**9**	**6**	2	**1**	7	4

SUPER **SUDOKU**

173

8	9	6	**7**	3	**5**	**1**	2	4
7	**4**	5	2	**9**	1	6	3	8
1	3	**2**	8	4	6	7	9	**5**
9	**6**	**7**	5	**8**	3	2	4	1
5	1	3	4	6	2	9	8	**7**
2	8	4	9	**1**	7	**3**	**5**	6
6	2	1	3	5	8	**4**	7	9
4	7	8	6	**2**	9	5	**1**	**3**
3	5	**9**	**1**	7	**4**	8	6	2

174

5	6	**9**	**4**	**1**	2	3	**8**	**7**
1	**3**	8	6	9	7	**4**	**2**	**5**
4	2	7	**3**	8	5	6	9	1
2	1	3	**8**	6	9	7	**5**	**4**
7	5	4	2	**3**	1	8	6	**9**
8	**9**	6	7	5	**4**	2	1	3
6	7	1	5	4	**8**	9	3	2
9	**8**	**2**	1	7	3	5	**4**	6
3	**4**	5	9	**2**	**6**	**1**	7	8

175

2	1	**5**	**6**	**7**	9	4	8	3
7	6	9	**4**	3	8	2	5	**1**
3	4	8	1	5	2	**7**	6	9
9	8	**6**	**2**	1	4	5	3	7
4	5	**2**	3	9	7	**8**	1	6
1	7	3	8	6	**5**	**9**	2	**4**
8	3	**7**	9	2	6	1	4	5
5	2	1	7	4	**3**	6	9	**8**
6	9	4	5	**8**	**1**	**3**	7	**2**

176

4	8	6	**5**	9	3	1	7	**2**
3	**9**	2	**7**	4	1	6	5	8
5	7	1	2	**6**	8	4	**9**	**3**
6	**1**	5	**4**	3	7	**2**	8	9
9	3	**8**	1	2	6	**7**	4	5
2	4	**7**	9	8	**5**	3	**1**	**6**
8	**2**	9	6	**1**	4	5	3	7
1	5	3	8	7	**2**	9	**6**	4
7	6	4	3	5	**9**	8	2	**1**

SUPER **SUDOKU**

177

3	**1**	6	9	**4**	**5**	**8**	7	2
2	4	8	**1**	7	3	6	9	5
9	7	**5**	8	6	2	**3**	4	1
4	2	3	7	8	6	**5**	**1**	9
7	8	**9**	5	**1**	4	**2**	3	**6**
6	**5**	**1**	3	2	9	7	8	**4**
8	3	**2**	4	5	1	**9**	6	**7**
1	6	7	2	9	**8**	4	5	**3**
5	9	**4**	**6**	**3**	7	1	**2**	8

178

1	7	9	6	4	**5**	**3**	**8**	2
6	3	**2**	1	8	**9**	4	7	**5**
4	**5**	**8**	3	2	7	9	1	**6**
7	4	3	**2**	**5**	6	8	**9**	**1**
5	8	6	**9**	3	**1**	7	2	4
9	**2**	1	8	**7**	**4**	5	6	3
3	1	7	5	9	2	**6**	**4**	8
2	9	5	**4**	6	8	**1**	3	7
8	**6**	**4**	**7**	1	3	2	5	**9**

179

7	8	**1**	2	4	**6**	9	**3**	5
3	5	4	8	**1**	9	**7**	2	**6**
2	6	9	**7**	5	3	1	**4**	8
4	7	**5**	**6**	3	**8**	2	1	**9**
8	**2**	6	1	9	4	3	**5**	7
1	9	3	**5**	2	**7**	**6**	8	4
9	**1**	8	3	7	**5**	4	6	**2**
6	4	**2**	9	**8**	1	5	7	3
5	**3**	7	**4**	6	2	**8**	9	1

180

6	**5**	**4**	9	8	**3**	**1**	2	7
3	8	2	1	5	7	9	**4**	**6**
9	7	1	**2**	4	6	**3**	5	8
8	6	9	**3**	2	4	**7**	**1**	5
2	**4**	**5**	7	1	8	**6**	**3**	9
1	**3**	**7**	6	9	**5**	2	8	4
7	2	**8**	4	6	**1**	5	9	3
5	**9**	6	8	3	2	4	7	1
4	1	**3**	**5**	7	9	**8**	**6**	**2**

SUPER **SUDOKU**

181

5	**8**	9	**4**	2	1	**3**	7	6
1	3	4	**5**	**7**	6	8	2	**9**
2	7	6	8	9	**3**	1	4	5
7	9	**5**	3	8	4	2	**6**	**1**
6	**2**	8	1	5	9	4	**3**	7
4	**1**	3	2	6	7	**9**	5	8
3	6	2	**9**	1	5	7	8	**4**
8	5	1	7	**4**	**2**	6	9	3
9	4	**7**	6	3	**8**	5	**1**	2

182

5	3	1	7	**8**	**2**	9	4	6
7	6	4	1	9	3	5	**2**	8
2	8	**9**	5	6	4	**3**	**1**	7
8	9	**6**	**2**	**4**	7	1	5	3
1	4	**7**	3	**5**	6	**8**	9	2
3	2	5	8	**1**	**9**	**7**	6	**4**
4	**7**	**3**	9	2	1	**6**	8	**5**
9	**5**	2	6	3	8	4	7	1
6	1	8	**4**	**7**	5	2	3	9

183

9	3	8	4	6	**5**	**2**	**1**	**7**
6	1	5	8	**7**	2	4	3	**9**
2	4	**7**	**3**	1	9	8	6	**5**
5	6	**1**	9	**3**	**8**	7	4	**2**
3	**9**	4	**2**	5	**7**	6	**8**	1
7	8	2	**1**	**4**	6	**5**	9	3
8	7	9	6	2	**1**	**3**	5	4
1	5	3	7	**8**	4	9	2	6
4	**2**	**6**	**5**	9	3	1	7	8

184

2	5	**4**	8	3	**7**	1	**6**	9
3	**8**	7	**1**	9	6	2	4	**5**
1	6	**9**	5	4	**2**	**3**	7	8
6	**7**	5	**4**	8	1	**9**	2	**3**
4	2	1	9	6	3	8	5	7
9	3	**8**	2	7	**5**	6	**1**	4
5	4	**6**	**3**	2	9	**7**	8	**1**
7	1	3	6	5	**8**	4	**9**	2
8	**9**	2	**7**	1	4	**5**	3	**6**

SUPER **SUDOKU**

185

5	9	6	**7**	1	2	3	**4**	**8**
3	2	7	**4**	6	8	**5**	1	9
8	1	4	**3**	**9**	**5**	7	**2**	6
1	**6**	2	5	4	3	**8**	9	**7**
7	5	**3**	2	8	9	**4**	6	**1**
9	4	**8**	1	7	6	2	**5**	3
4	**8**	1	**9**	**2**	**7**	6	3	5
6	3	**9**	8	5	**4**	1	7	2
2	**7**	5	6	3	**1**	9	8	4

186

1	**6**	**9**	**7**	4	8	3	5	2
2	3	7	1	5	9	**6**	**4**	8
5	8	4	3	**6**	**2**	7	**1**	9
4	1	3	2	9	**7**	**5**	8	6
6	7	**2**	4	**8**	5	**1**	9	3
9	5	**8**	**6**	3	1	4	2	**7**
8	**9**	6	**5**	**1**	3	2	7	**4**
3	**2**	**5**	9	7	4	8	6	**1**
7	4	1	8	2	**6**	**9**	**3**	5

187

7	9	2	**4**	6	3	**5**	8	**1**
5	3	**6**	8	**7**	1	9	4	2
4	1	8	**5**	9	**2**	6	**3**	7
6	**2**	**4**	7	3	5	**1**	9	**8**
9	7	3	6	1	8	2	5	**4**
1	8	**5**	2	4	9	**7**	**6**	3
8	**6**	7	**9**	2	**4**	3	1	5
3	4	9	1	**5**	7	**8**	2	6
2	5	**1**	3	8	**6**	4	7	9

188

8	3	4	**2**	5	**9**	7	1	**6**
1	9	5	**4**	7	6	**2**	8	**3**
6	7	2	3	**1**	8	9	**4**	5
2	**5**	6	8	3	**4**	1	**7**	**9**
7	8	**3**	9	2	1	**5**	6	4
9	**4**	1	**7**	6	5	8	**3**	**2**
5	**6**	9	1	**4**	7	3	2	8
4	2	**7**	5	8	**3**	6	9	1
3	1	8	**6**	9	**2**	4	5	**7**

SUPER **SUDOKU**

189

1	7	**2**	**3**	5	**8**	**6**	9	4
8	6	9	2	**4**	7	1	5	**3**
5	4	3	6	1	9	7	2	**8**
2	3	**5**	7	**6**	1	**4**	8	9
4	1	8	**9**	**3**	**5**	2	6	7
6	9	**7**	8	**2**	4	**3**	1	5
7	2	1	5	8	3	9	4	**6**
9	8	4	1	**7**	6	5	3	**2**
3	5	**6**	**4**	9	**2**	**8**	7	1

190

2	**7**	3	5	4	8	**6**	9	1
5	**6**	8	7	9	**1**	4	**3**	**2**
4	9	**1**	**6**	3	2	**7**	5	8
6	**5**	9	**1**	7	**3**	**2**	8	4
1	4	2	9	**8**	5	3	7	6
3	8	**7**	**4**	2	**6**	9	**1**	5
9	2	**4**	8	5	**7**	**1**	6	**3**
8	**3**	6	**2**	1	9	5	**4**	7
7	1	**5**	3	6	4	8	**2**	9

191

6	4	5	3	**9**	2	1	8	7
7	3	1	**4**	8	6	2	**5**	9
9	**2**	**8**	1	7	5	**6**	3	**4**
3	**6**	4	5	1	**7**	9	2	8
1	9	2	**8**	6	**4**	3	7	5
8	5	7	**9**	2	3	4	**6**	**1**
5	1	**3**	2	4	8	**7**	**9**	6
2	**7**	9	6	5	**1**	8	4	3
4	8	6	7	**3**	9	5	1	**2**

192

7	8	4	5	3	9	**1**	2	**6**
6	**9**	1	8	2	**7**	5	**4**	3
5	3	**2**	4	**6**	1	**8**	9	7
4	**2**	6	**9**	5	**3**	7	8	1
1	5	**3**	2	7	8	**4**	6	9
9	7	8	**6**	1	**4**	3	**5**	2
3	6	**9**	1	**8**	5	**2**	7	**4**
8	**4**	7	**3**	9	2	6	**1**	5
2	1	**5**	7	4	6	9	3	**8**

SUPER **SUDOKU**

193

6	7	**4**	**5**	2	9	1	8	3
5	**2**	8	1	4	**3**	6	**7**	9
1	9	3	**6**	7	**8**	4	**2**	5
4	6	7	8	5	**1**	3	9	**2**
8	**3**	9	4	6	2	5	**1**	7
2	5	1	**9**	3	7	8	6	**4**
7	**1**	5	**3**	9	**6**	2	4	8
9	**4**	6	**2**	8	5	7	**3**	1
3	8	2	7	1	**4**	**9**	5	**6**

194

4	1	**7**	2	**8**	**9**	**5**	3	6
9	5	3	7	4	**6**	8	2	1
6	8	**2**	**1**	3	5	**4**	9	**7**
7	**2**	9	3	1	4	**6**	5	8
1	3	6	5	7	8	9	4	**2**
8	4	**5**	9	6	2	1	**7**	**3**
3	9	**1**	8	5	**7**	**2**	6	**4**
5	7	4	**6**	2	1	3	8	9
2	6	**8**	**4**	**9**	3	**7**	1	5

195

3	6	**4**	8	**1**	2	5	7	9
8	**1**	5	**4**	7	9	**2**	**6**	3
9	**7**	2	3	6	**5**	4	1	**8**
6	8	**7**	**9**	5	**1**	3	**4**	2
1	2	3	7	**8**	4	9	5	**6**
5	**4**	9	**6**	2	**3**	**1**	8	7
2	9	8	**5**	4	6	7	**3**	1
7	**5**	**1**	2	3	**8**	6	**9**	4
4	3	6	1	**9**	7	**8**	2	5

196

7	1	5	9	**8**	**3**	**6**	2	**4**
4	9	8	**2**	6	5	1	**3**	7
3	2	6	7	1	**4**	**8**	9	**5**
2	**4**	9	8	7	**6**	**3**	5	**1**
6	5	3	4	9	1	7	8	**2**
8	7	**1**	**5**	3	2	9	**4**	6
9	6	**4**	**1**	5	8	2	7	3
1	**8**	2	3	4	**7**	5	6	9
5	3	**7**	**6**	**2**	9	4	1	8

SUPER **SUDOKU**

197

5	**7**	**8**	**6**	2	**1**	**9**	3	4
1	6	**9**	**7**	4	**3**	**2**	8	5
3	2	4	5	9	8	1	6	**7**
4	9	7	**8**	3	5	**6**	2	**1**
8	**5**	6	9	1	2	7	**4**	3
2	3	**1**	4	7	**6**	5	9	8
9	8	2	3	5	7	4	1	6
6	4	**5**	**1**	8	**9**	**3**	7	2
7	1	**3**	**2**	6	**4**	**8**	**5**	9

198

5	4	**7**	1	**9**	8	**6**	3	**2**
8	6	3	**2**	4	**5**	1	**9**	7
1	9	2	**7**	3	6	4	**5**	8
3	**8**	**6**	5	7	2	9	4	1
2	1	4	**6**	8	**9**	5	7	**3**
7	5	9	3	1	4	**8**	**2**	6
9	**2**	1	8	5	**3**	7	6	**4**
6	**7**	5	**4**	2	**1**	3	8	9
4	3	**8**	9	**6**	7	**2**	1	5

199

5	8	**6**	3	**1**	2	7	**9**	4
2	9	3	**5**	4	7	1	6	8
4	1	7	**6**	9	8	5	**3**	2
9	**6**	2	**1**	7	**4**	3	**8**	**5**
3	5	**4**	9	8	6	**2**	7	1
1	**7**	8	**2**	5	**3**	6	**4**	9
8	**3**	9	7	2	**5**	4	1	**6**
6	4	5	8	3	**1**	9	2	7
7	**2**	1	4	**6**	9	**8**	5	3

200

1	2	7	8	**6**	5	4	9	3
8	6	4	3	7	9	5	1	**2**
5	9	**3**	**2**	**4**	**1**	**6**	8	7
9	**7**	1	**5**	2	**8**	3	**4**	6
2	8	**5**	4	**3**	6	**9**	7	1
3	**4**	6	**9**	1	**7**	2	**5**	8
7	5	**8**	**6**	**9**	**2**	**1**	3	4
6	3	9	1	8	4	7	2	**5**
4	1	2	7	**5**	3	8	6	9

슈퍼 스도쿠 프리미어

IQ 148을 위한 논리게임

1판 1쇄 펴낸 날 2016년 1월 20일
1판 8쇄 펴낸 날 2022년 8월 30일

지은이 | 마인드 게임

펴낸이 | 박윤태
펴낸곳 | 보누스
등 록 | 2001년 8월 17일 제313-2002-179호
주 소 | 서울시 마포구 동교로12안길 31 보누스 4층
전 화 | 02-333-3114
팩 스 | 02-3143-3254
이메일 | bonus@bonusbook.co.kr

ISBN 978-89-6494-239-0 14410

• 책값은 뒤표지에 있습니다.